A TRILHA DA PLENITUDE

JOSÉ ROBERTO ZANCHETTA

A TRILHA DA PLENITUDE

CIÊNCIA E ESPIRITUALIDADE
DE MÃOS DADAS

Labrador

© José Roberto Zanchetta, 2024
Todos os direitos desta edição reservados à Editora Labrador.

Coordenação editorial Pamela Oliveira
Assistência editorial Leticia Oliveira, Vanessa Nagayoshi
Direção de arte Amanda Chagas
Projeto gráfico Marina Fodra
Diagramação e preparação Estúdio dS
Capa Heloisa d'Aura
Revisão Patrícia Alves Santana

Dados Internacionais de Catalogação na Publicação (CIP)
Jéssica de Oliveira Molinari - CRB-8/9852

Zanchetta, José Roberto
   A trilha da plenitude : ciência e espiritualidade de mãos dadas
José Roberto Zanchetta.
São Paulo : Labrador, 2024.
160 p.

Bibliografia
ISBN 978-65-5625-654-2

1. Religião e ciência I. Título

24-3584   CDD 201.65

Índice para catálogo sistemático:
1. Religião e ciência

Labrador

Diretor-geral Daniel Pinsky
Rua Dr. José Elias, 520, sala 1
Alto da Lapa | 05083-030 | São Paulo | SP
contato@editoralabrador.com.br | (11) 3641-7446
editoralabrador.com.br

A reprodução de qualquer parte desta obra é ilegal e configura uma apropriação indevida dos direitos intelectuais e patrimoniais do autor. A editora não é responsável pelo conteúdo deste livro. O autor conhece os fatos narrados, pelos quais é responsável, assim como se responsabiliza pelos juízos emitidos.

> Enquanto não houver no mundo número suficiente de pessoas que tenham a experiência com Deus, não haverá mudança significativa na humanidade."

SUMÁRIO

Agradecimentos
8

Introdução
12

CAPÍTULO 1
Ser um buscador no mundo atual
23

CAPÍTULO 2
O desafio de ser espiritual em um mundo material
33

CAPÍTULO 3
A frequência divina
45

CAPÍTULO 4
Iniciando a jornada espiritual
69

CAPÍTULO 5
Luz: matéria-prima do mundo
91

CAPÍTULO 6
A melhor aula de espiritualidade
103

CAPÍTULO 7
Maturidade espiritual
123

CAPÍTULO 8
Tenha seu encontro com Deus
135

MENSAGEM FINAL
147

BIBLIOGRAFIA SUGERIDA
151

AGRADECIMENTOS

Mesmo com todo o cuidado, é difícil citar todas as pessoas incríveis que participaram da construção da minha vida, cada uma do seu jeito. Muitos participaram de maneira tão incondicional que nem perceberam o quão importantes foram para mim.

Agradeço aos excelentes professores que tive, desde os cursos do ensino primário até os cursos universitários, a todos os autores que li e ouvi, aos iluminados que passaram por esta terra por me esclarecerem e me incentivarem a ser um buscador do sentido da vida.

Agradeço a meus pais e meus irmãos pela família que constituímos, apesar das dificuldades que passamos. Agradeço a minha esposa, Rosana, e minhas filhas, Giovana e Gabriela, pela paciência com que administraram a minha ausência durante cursos, estudos e leituras sobre ciência e espiritualidade.

Aos amigos que fiz nas escolas que frequentei, desde o primário até os cursos universitários.

Aos amigos do tênis, pelos bons momentos que passamos juntos e pelos laços que construímos.

Agradeço ao ex-sócio Luis Antonio Scudeler, falecido em 2005, pela amizade, pelo companheirismo e pela parceria na fundação da Duaço Engenharia, que fez e faz parte de nossas vidas até hoje.

Aos amigos, aos companheiros e aos colegas que fiz durante estes 35 anos de Duaço.

Agradeço à Comunidade Restauração, por dar suporte na minha caminhada e pelas amizades que fiz.

Por fim e principalmente meu agradecimento a Deus, por me dar saúde, perseverança e orientação para chegar até aqui e, entre outras realizações, escrever este livro.

Obrigado! Obrigado! Obrigado!

Gratidão a todos!

> "Quero descobrir o pensamento de Deus."

Albert Einstein

INTRODUÇÃO

Nasci na zona rural, em um sítio a 15 quilômetros da cidade de Assis, no interior de São Paulo. A vida da minha família era muito simples. Minha mãe costurava nossas roupas, e vivíamos com bem pouco. Eu tinha duas calças, duas camisas e um par de sapatos que usava para ir à missa e passear na casa da avó aos domingos. Nosso único meio de transporte era uma carrocinha puxada por nosso querido cavalo Nego. Primeiro, meu pai teve uma carroça de rodas de madeira e aro de ferro; mais tarde, conseguiu comprar uma com rodas de ferro e pneus. Para nós, foi como se tivesse comprado o carro do ano.

Naquela época, o açúcar era vendido por quilo nos armazéns, e os sacos em que eram armazenados, após o uso, eram vendidos para fazer a roupa. Minhas roupas do dia a dia, como calções e camisas de trabalhar na roça, eram feitas desse pano.

Nossa casa era simples, feita de madeira e sem forro. Não tínhamos energia elétrica nem água encanada, e o único meio de comunicação era um rádio de pilha. Os colchões eram de palha, e a iluminação com lamparinas a querosene. O fogão era à lenha, e a água do poço era tirada no sarilho. A alimentação básica vinha dos mantimentos que colhíamos no pequeno sítio de 6,6 alqueires que meu pai herdou de meu avô. Ali plantávamos arroz, feijão, milho, mandioca, amendoim, banana, mamão, manga, melancia, laranja, mexerica, abacaxi, abacate, jabuticaba e muitas verduras e legumes. A carne vinha dos animais que criávamos, como porcos, galinhas e vacas.

O banho era em uma bacia grande e, posteriormente, em uma banheira de tijolos rebocada. Não tínhamos água encanada, por isso a água do poço era aquecida no fogão à lenha e colocada na banheira com balde.

Minhas brincadeiras de criança eram bolinha de gude, pega-pega, esconde-esconde, queimada, bets, bate-bola, caçar com estilingue e pescar. E o mais incrível é que vivíamos felizes. Talvez até mais do que as crianças de hoje que têm todo o conforto.

Comecei a trabalhar muito cedo, antes mesmo de ir ao único grupo escolar que havia na região. Às cinco horas da manhã, já ajudava meu pai a prender as vacas para ordenhar e a tratar dos porcos e das galinhas. Após esse serviço, ia à escola. Caminhava alguns quilômetros pelos pastos e pelas estradas de terra. Não esqueço que, no primeiro ano, passei em primeiro lugar com a nota 95. Ganhei uma pequena coleção de livretos de historinhas da professora dona Maria. A entrega dos prêmios para os primeiros lugares do 1º ao 4º anos foi em um cineminha de madeira na comunidade vizinha Pinguela de Cima, onde assistíamos aos filmes do Gordo e o Magro, do Zorro, do Rintintin, do Tarzan, do Mazzaropi, além de faroestes.

Depois da aula, levava o almoço para meu pai na roça e continuava ali para ajudá-lo. Quando terminei o primário, fui para a cidade de Assis fazer o ginásio, que equivale hoje ao ensino fundamental. Posteriormente, cursei o colegial, que é o ensino médio dos tempos atuais. Além de estudar, passei a trabalhar na máquina de beneficiar arroz do tio Nelson e, nas férias escolares, voltava para a roça para ajudar meu pai.

Quando terminei o colégio, precisei decidir: continuava ajudando meu pai no sítio, como meus primos mais velhos faziam com seus pais, ou arrumava um emprego na cidade de Assis ou me mudava para São Paulo para trabalhar e estudar. Nós éramos seis irmãos, e eu tinha 47 primos. De todos eles, somente o primo Toninho e a prima Dagmar faziam faculdade. Pensei: "Eles estão certos, vou fazer faculdade também!". Eu tinha em mente estudar engenharia civil, curso que não havia na região em que eu morava naquela época.

Aos 19 anos, ainda de cabelo curtinho do Tiro de Guerra, mudei para São Paulo. Fiz uma previsão de que seiscentos cruzeiros dariam para passar um mês. Meu pai me arrumou duzentos cruzeiros, meu avô mais duzentos e meu tio Nelson mais duzentos. Meu pai, que me levou à rodoviária, chegou a tentar me convencer a ficar. Ficou triste com minha partida.

Foi a primeira vez que o vi chorar. Mas eu estava decidido e lá fui com minha malinha, com a cara e a coragem, morar em uma cidade da qual só tinha ouvido falar. Nunca tinha ido a São Paulo, nem a passeio. Cheguei na rodoviária da capital paulista de madrugada. Entreguei para o taxista um pedacinho de papel com o endereço da pensão da dona Alzira, local onde o primo Toninho tinha morado quando fez cursinho. Felizmente tinha uma vaga.

A sorte estava lançada. Minha primeira missão foi conseguir um emprego o mais rápido possível, porque meu dinheiro dava apenas para um mês. Na segunda semana já estava trabalhando como representante do laboratório Fontoura, ainda bem. O teste para admissão no laboratório foi inusitado: precisei decorar três bulas de remédio. Depois de um mês, recebi meu primeiro salário e, graças a Deus, nunca mais precisei pedir dinheiro a meu pai.

Resumindo bem a história, morei 14 anos em São Paulo, cursei três faculdades, sempre à noite, trabalhando durante o dia. Foram anos difíceis. Depois, voltei para Assis como engenheiro com a intenção de montar uma pequena construtora. Um sócio e eu abrimos a Construtora Duaço. Eu não tinha a mínima ideia de como administrar uma pequena empresa, nem imaginava que seria tão complicado. Os primeiros anos foram desafiadores e, até ganhar confiança de que poderia me manter com meu negócio, mantive o emprego de professor de arquitetura da Faculdade Belas Artes em São Paulo. Viajava de ônibus de Assis para a capital (430 km) semanalmente, dava aulas às sextas-feiras à noite e aos sábados. Retornava no domingo.

Hoje, a Construtora Duaço tem 35 anos. Em 2005, meu querido sócio Luis Antonio Scudeler faleceu. Após sua morte, percebi que a vida não valeria a pena se eu continuasse naquele ritmo: eu trabalhava muito e vivia pouco.

Em 2006, parecia estar tudo bem comigo. Casado, duas filhas, vida profissional e financeira estabilizada, boa saúde. Apesar disso, eu não estava emocionalmente bem. Sentia um vazio no peito e a sensação de que a vida daquele jeito não estava valendo a pena. Até então, eu tinha corrido demais atrás da matéria e me dei conta de que ainda faltava algo. Percebi que aquela vida que a mídia pregava e a sociedade defendia como sinônimo de felicidade era uma farsa. O sucesso não era aquilo que a sociedade exigia. Percebi que não precisava ganhar mais, ter o melhor carro, morar na casa mais bonita nem vestir a melhor roupa para ser feliz. Percebi que podia ganhar menos, agregar menos valor às coisas materiais e cuidar mais das espirituais. Enxerguei que desenvolver o espírito era imprescindível. O que estava faltando era melhorar meu relacionamento com o Sagrado, com Deus, com o Criador, com o Todo.

Então, depois de passar grande parte da vida me dedicando aos estudos e aos trabalhos na área de engenharia civil, passei a me dedicar ao estudo da ciência e da espiritualidade. A partir de 2006 fiz os cursos de programação neurolinguística, *coaching*, toque quântico, energias de cura I, II e III e radiestesia. Li dezenas de livros, assisti a centenas de palestras a respeito do assunto. Aprendi que a saúde e a "ciência", graças à Física Quântica, vêm andando de mãos dadas com a fé e com a espiritualidade, confirmando muitos fatos que até então não tinham comprovações científicas. Durante essa jornada, entendi que a caminhada da espiritualidade é bem mais difícil, digamos, muito mais sutil do que a do mundo material, em que buscamos conquistar bem-estar físico, conforto e bens materiais.

Passei, então, a estudar a respeito dos personagens mais significativos – filósofos, pensadores, líderes espirituais – que mais influenciaram a humanidade com seus ensinamentos e exemplos de vida. Destaco os que viveram na Antiguidade, como Jesus Cristo, Lao-Tsé, Sidarta Gautama (Buda), Sócrates, os filósofos estoicos, sem me esquecer dos que se sucederam ao longo dos séculos, como Francisco de Assis, Madre Teresa de Calcutá, Mahatma Gandhi, Huberto Rohden, Joel S. Goldsmith, Helena Blavatsky, Paramahansa Yogananda e os mais contemporâneos como Deepak Chopra, Fritjof Capra, Dalai Lama, Lama Surya Das, entre outros expoentes da sabedoria espiritual.

Depois de tantos anos lendo mentes privilegiadas, ouvindo, escrevendo e falando sobre ciência, saúde e espiritualidade, consigo enxergar a importância que ela tem em nossas vidas e percebo que só por meio desses ensinamentos é que conseguiremos ter uma vida plena. À medida que me desenvolvia espiritualmente, fui parando de conectar felicidade aos bens materiais e vejo com clareza a ilusão do consumo que o mundo vive.

O iniciante da caminhada espiritual é um buscador, um peregrino à procura da realidade divina. Os buscadores estão em todos os lugares e em todas as nações. Independentemente de suas denominações religiosas, eles querem compreender e explorar o universo. Querem encontrar o sentido da vida, que pode significar chegar ao reino de Deus, para os cristãos, ou à iluminação, para os budistas.

Ao contrário do que muitos imaginam, os mestres dizem que não há necessidade de ir a Roma, ao Tibete ou aos mosteiros do Himalaia para entrar em sintonia com o Criador. Podemos nos concentrar, entrar em meditação e nos sintonizar com o Sagrado em uma praça, no quintal, na varanda e, principalmente, em nosso quarto ou em um espaço nosso que consideramos sagrado.

Hoje me arrependo por não ter acordado mais cedo para trilhar esse caminho, talvez porque não houve ninguém que me dissesse o quão importante é desenvolver o espírito. Baseado nos ensinamentos dos grandes mestres, desejo, com este livro, informar você que existe um CAMINHO PARA A VIDA PLENA e que você pode trilhá-lo e, posteriormente, perseverar nele para alcançar a maturidade espiritual.

Você pode aprender a desenvolver o espírito e acessar a frequência do amor incondicional do Criador, a frequência divina, e se tornar uma luz para sua própria realização e para aqueles que o cercam.

O desenvolvimento da espiritualidade lhe mostra o que há de mais gratificante em sua vida rumo ao ilimitado. Com a maturidade espiritual, sua alma cresce em experiência e sabedoria, e a vida que você deseja começa a desabrochar dentro de você. Quando você atingir a maturidade espiritual, não sentirá a necessidade de provar ao mundo que é melhor do que os outros; não buscará aprovação, não se comparará aos demais. Enfim, conseguirá ficar em paz consigo mesmo.

Esta leitura pretende ajudá-lo a perceber o mundo que você não vê, o mundo metafísico, o mundo quântico, o mundo espiritual. Esse mundo é tão ou mais importante para uma vida boa e equilibrada do que aquele que vivemos no nosso dia a dia, percebida pelos cinco sentidos. Eles se complementam. Somos corpo, mente e espírito e, se qualquer um dos três não estiver bem, ficamos instáveis. Chegou o tempo de acordar e dar o devido valor ao espírito e de aprender a elevar nossa vibração para nos conectarmos com a vibração divina.

Segundo Sri Prem Baba, existe muita ilusão e fantasia ao redor do tema caminho espiritual. Para alguns, é como se fosse subir ao pódio pelo esforço, pela perseverança e pela disciplina relativos ao caminho. Para outros, é chegar a um lugar mágico e inacessível, de outra dimensão. Para Sri Prem Baba, nada mais é do que um encontro com a "plenitude", com a satisfação plena, com o que pode preencher nosso vazio mais profundo, algo impossível de ser conseguido pelo mundo material.

Ficarei muito grato se a mensagem deste livro, baseada nos ensinamentos dos grandes mestres, for útil de alguma forma para você. Para se autoconhecer, para despertar sentimentos, para ajudar a se libertar do egoísmo, para desvendar o motivo da vida, para aprender a amar o próximo com mais facilidade, para perdoar mais facilmente, para entender melhor o seu entorno e ter esperança de um mundo melhor.

Boa leitura!
José Roberto Zanchetta

CAPÍTULO 1

SER UM BUSCADOR NO MUNDO ATUAL

> Quem é você? O que veio aprender e ensinar neste mundo? Todos temos um propósito único neste planeta. Somos muito mais do que nossas personalidades, nossos problemas ou nossas doenças. Muito mais do que nossos corpos. Estamos todos interligados a tudo o que é vivo. Somos espírito, luz, energia, vibração e amor, possuidores do poder de viver uma vida com significado e propósito."

Louise L. Hay

"De onde eu vim?"
"Para onde vou?"
"O que estou fazendo aqui?"
"Quem sou eu?"
"Há vida depois da morte?"

    Suponho que já lhe ocorreu algum questionamento semelhante em algum momento de sua vida. Se você se propôs a ler este livro é porque, como eu, vem buscando um sentido para a vida. No entanto, como estamos sempre no corre-corre da vida moderna, sobram poucos momentos para ponderar sobre essas questões e tentar respondê-las. Com isso, elas podem chegar a ficar adormecidas em nosso íntimo por toda a vida, por isso nos contentamos com respostas prontas para elas. Há religiosos que dizem simplesmente ser a vontade de Deus. Quem nunca ouviu a máxima: "Deus sabe o que faz!"? Já alguns mais voltados à ciência arriscam a dizer: "Essas coisas são frutos do acaso. Não se pode demonstrar cientificamente". Outros, envolvidos com as conquistas materiais e as preocupações terrenas, nem se dão ao trabalho de encontrar uma resposta, nem querem saber do que se trata. Aliás, essa é uma das razões que tornam muito difícil para o ser humano se desenvolver espiritualmente: achar que nosso mundo é exclusivamente material. Sentimos dificuldade de intensificar essa relação com o espiritual, distraindo-nos facilmente com desejos e problemas da matéria.

> "Meu reino não é deste mundo."
> Jesus

Uma sociedade ludibriada

Em nossa cultura, a dependência se tornou a forma mais comum de tentar ludibriar o sofrimento. Assistimos à televisão, acessamos a internet sem necessidade, só para manter a mente ocupada. Corremos de uma atividade para outra, trabalhamos demais, comemos e bebemos demais, tomamos remédio em busca de evitar o sofrimento.

Exigimos que alguém ou alguma coisa – o casamento, o parceiro ou a parceira, uma família ideal, os filhos, a carreira ou a igreja – acabe com a nossa solidão. Na maioria das vezes, o que a mídia prega é o consumismo e a mentira a serviço da cobiça para que você corra atrás da matéria o tempo todo. Ela o convence de que o último modelo ou a última coleção da moda é de extrema necessidade para sua vida e para sua felicidade. O que a sociedade nos propõe é um saco sem fundos de acúmulo material.

Sentir o mundo "material" é fácil, porque ele é feito da energia densa e de baixas vibrações, com a qual nosso corpo está acostumado. Quando precisamos aumentar um pouquinho nossa vibração para acessar o desconhecido, temos dificuldade.

> É muito comum pensarmos que a realidade divina, a conexão com o mundo espiritual é facilitada – ou só é possível – em locais ditos sagrados. Não é verdade. Podemos sintonizar nosso espírito em qualquer lugar. Basta dedicarmos tempo suficiente para aprender a ficar em meditação, oração, contemplação e silêncio.

Em seu *best-seller A trilha menos percorrida*, Scott Peck relata que o desenvolvimento da espiritualidade é a trilha mais difícil de ser percorrida pelo ser humano e mais difícil ainda para nós ocidentais, por falta de orientadores espirituais, mais comuns no Oriente. Porém, esse mundo além da matéria está em toda parte, não é separado por fronteiras religiosas, por continentes, por diferentes culturas ou etnias. A conexão com o infinito é cósmica. E todos nascemos para tocar o manto sagrado.

Para desenvolver o espírito, a busca é no interior, na essência da alma.

A maioria das pessoas, por diversas razões, não percebe a importância de iniciar sua caminhada. Como disse John Lennon:

> A vida passa enquanto estamos ocupados trabalhando, fazendo planos, enquanto isso nossas crianças estão crescendo, nossos pais estão envelhecendo, vamos ficando fora de forma, nossos sonhos vão indo embora.

Todos querem expandir o amor, a alegria, a criatividade, a espiritualidade, mas, na maioria das vezes, nem sequer tentam sair da zona de conforto. Ficam na sombra e não se expõem à luz para recebê-la. Não abrem as janelas da alma e não permitem que o sol entre. Trancam-se em suas próprias prisões e passam a vida sem romper as barreiras que tiram o colorido dela. Isso porque o ego está habituado a utilizar o poder, a julgar e a defender o que acha que lhe pertence – e ele não conhece nada além do que a matéria lhe mostra, do que a razão lhe ensina. Se vivermos pautados apenas pelo ego, viveremos sempre uma vida limitada.

A busca do desenvolvimento espiritual precisa ser motivada pela sede de entrar em contato com uma realidade superior. Com a maturidade espiritual, você verá que o espírito é só poder, um poder ilimitado, infinito.

"
Encontrar-se com Deus é o fim de todas as tristezas."
Paramahansa Yogananda

POR QUE TRILHAR O CAMINHO ESPIRITUAL?

Porque somos embasados em um tripé: corpo, mente e espírito, e os três devem se manter saudáveis para uma vida plena e equilibrada.

Corpo

O corpo é a máquina, o *hardware*, a casa onde habita nosso espírito aqui na Terra; é onde moramos neste mundo. A função básica do corpo é ter contato com o mundo físico por meio dos cinco sentidos. Ele é energizado pelos alimentos que ingerimos, é o mundo físico, mundo das energias densas, mundo da matéria.

Mente

A mente é o *software*, é o que o cérebro faz, é a sede das emoções, é o meio pelo qual são manifestadas as sensações emotivas, prazeres, alegrias, tristezas etc. Essas sensações e essas emoções acontecem pela conexão com o plano espiritual.

Espírito

O espírito é nossa porção imaterial. Ele nos programa e nos conduz. E é o elo que nos liga ao Criador por meio da frequência cósmica.

Nós não seremos seres equilibrados se não tivermos os três elementos em sintonia e em desenvolvimento. Em 1998, a Organização Mundial da Saúde já dizia que temos saúde plena quando gozamos de saúde social (bons relacionamentos), saúde biológica (física), psicológica e espiritual. Não podemos dispensar nenhum deles, porque cada um vibra em suas próprias frequências. Não adianta ter o corpo sarado e a mente alegre se não alimentarmos uma conexão com o Sagrado. Assim como não conseguimos ter uma mente alegre e um espírito tranquilo com o corpo doente. A mente só será saudável se estiver conectada ao espírito.

Se bebermos só água deste mundo material, o mundo do espírito ficará sedento, sem vida e com dificuldade de conexão com quem o criou. É preciso alimentar o espírito. Conecte-o com a fonte sagrada, porque o melhor dos mundos está aí dentro de você, a seu alcance, pedindo para florescer.

Quando você perceber que o universo pode ser encontrado dentro de você, começará a entender o que disse o apóstolo Paulo: "não sou eu quem vive, é Cristo que vive em mim".

CAPÍTULO 2

O DESAFIO DE SER ESPIRITUAL EM UM MUNDO MATERIAL

> Buscai em primeiro lugar o Reino de Deus e sua justiça, e todas estas coisas vos serão dadas em acréscimo."

Mateus 6:33

Todos desejamos ter uma experiência com Deus que nos transforme em uma pessoa melhor. A questão é como conseguir isso em pleno século XXI, quando o mundo parece estar em ebulição, cada dia mais barulhento, material, emocional e social, em um mundo em que se valoriza mais o TER do que o SER. Muitos precisam do barulho de fora para suportar o vazio de dentro.

Se fizermos uma comparação entre nossa vida materialista e financeira com os padrões da vida espiritual, podemos dizer que, pelos padrões financeiros humanos, só podemos sacar o equivalente ao que depositamos no banco, enquanto na vida espiritual, nosso crédito é ilimitado. Quando desenvolvemos nosso espírito, as capacidades espirituais são ilimitadas para aquilo que podemos conseguir, porque não somos nós que conseguimos e, sim, o Divino Criador, com Seu amor infinito.

> "A felicidade nunca virá para aqueles que não conseguem apreciar o que já possuem."
> Buda

Muitos são os fatores que nos prejudicam e tiram a velocidade de nossa caminhada espiritual. Parece que, quanto mais o tempo passa, mais compromissos e dificuldades o mundo da matéria nos apresenta. Somos abatidos pelo cansaço e pela falta de tempo. Só não se deixam abalar aqueles que já enxergaram a importância e os benefícios da vida espiritual para o bem-estar. Somente quem tem conhecimento sabe que a espiritualidade não é como um alimento que, na falta de um, substituímos por outro. Se não tem maçã, substituo por uma banana.

Na roda da vida, não dá para trocar o cuidado com a espiritualidade, por exemplo, pelo cuidado com o corpo. Isso porque o alimento do espírito não é o mesmo do corpo. Nossa vida é baseada em um tripé: corpo, alma e espírito. Enquanto não entendermos a importância de desobstruirmos esse canal para melhorar a sintonia com quem nos criou, o tripé fica instável, não conseguiremos o equilíbrio para conquistar a tão sonhada plenitude na vida. Por isso, é de extrema importância entender que, colocando Deus em primeiro lugar em nossa vida, as coisas da alma e do corpo entrarão nos devidos lugares, então, nós encontraremos o equilíbrio.

Três bloqueios da ascensão espiritual

São várias as causas que tiram a paz e o equilíbrio e bloqueiam a ascensão espiritual, mas três delas merecem destaque:

1. **Alimentação.** É preciso consciência para ingerir o que é saudável e não o que nos prejudica. Parte de nosso sofrimento resulta de nossa alimentação. Quando ingerimos algo prejudicial, como bebidas alcoólicas, ou consumimos qualquer toxina, como o fumo, estamos deteriorando nosso próprio corpo, o que dificulta o desenvolvimento do espírito.

2. **Impressões sensoriais.** No dia a dia, quando andamos ou dirigimos pela cidade, ou quando lemos uma revista, assistimos a um filme ou somos expostos a um anúncio ou a qualquer informação da internet, esses conteúdos de texto ou de imagens penetram em nossa consciência. Eles estimulam nossos sentimentos e desejos de poder, de sexo ou de comida. Cabe a nós filtrá-los, porque podem ser tóxicos. Todas as informações recebidas por meio de sons, cores, gostos, cheiros e objetos táteis podem prejudicar o bem-estar físico e mental, podendo causar angústia, depressão, desespero, medo e preocupações. A nós, compete a escolha de como processamos os estímulos que colocamos no nosso corpo. Precisamos alimentar as emoções com o que é saudável, como

compreensão, compaixão e amor ao próximo. Selecione as informações que ouvirá ou verá, a fim de que contribuam para seu bem-estar.

3. **Desejos do ego.** Precisamos ter a clareza de que o desenvolvimento espiritual é incompatível com os desejos de fama, de poder, de posição social e de orgulho. Ao contrário, devemos cultivar o desejo de usufruir das melhores coisas que Deus nos deu – ver um pôr de sol, acariciar um animal de estimação, comer jabuticaba do pé, apreciar o sorriso de uma criança, dar um abraço gostoso.

FATORES QUE DIFICULTAM NOSSA CAMINHADA

- Mentira.
- Dificuldade de perdoar: enquanto você não se perdoar e perdoar quem precisa, não limpará os canais de conexão com o espírito do Criador para receber uma graça.
- Arrependimento.
- Ressentimento.
- Medo do futuro, de doenças, da economia, da política etc.
- Dificuldades financeiras.
- Brigas.
- Orgulho.

- » Preguiça.
- » Impaciência.
- » Ira.
- » Preocupações.
- » Inveja.
- » Soberba.
- » Vitimização.
- » Apego às coisas do mundo físico.
- » Desejos.
- » Egoísmo.
- » Ganância.
- » Falta de concentração.
- » Más companhias.
- » Ansiedade.
- » Ignorância do assunto.
- » Sensualidade (fonte das sensações e dos prazeres).
- » Não preservação da natureza, prejudicando o TODO.
- » Descontrole emocional.
- » Falta de disciplina.
- » Falta de vida em comunidades.
- » Luxo e luxúria.

O caminho para a paz de espírito

O caminho para o sucesso, o sucesso verdadeiro, a paz de espírito, não é uma estrada com duas pistas iluminadas. É uma trilha estreita, sem pavimento, de mão dupla, com tempo chuvoso e baixa visibilidade, com curvas sinuosas que constantemente oferecem perigo em derrapar e cair nos precipícios do mundo. Ninguém tem uma vida sem lutas, sem dificuldades, sem problemas e, lá na frente, tem uma vida cheia de glórias e sucesso. A vida é uma mistura disso tudo o tempo todo e não podemos esperar essas turbulências passarem para sermos felizes. Portanto, se você não aprender a ter equilíbrio, deixar de se achar importante, de ser imponente, orgulhoso e egoísta com as pessoas que o cercam, dificilmente terá paz de espírito.

> "
> Você não precisa mudar a expressão do rosto para falar com Deus."
> Paramahansa Yogananda

Na vida, é muito difícil nos livrarmos de todos os hábitos e todos os sentimentos que nos tiram a paz e, consequentemente, bloqueiam nossa ascensão espiritual. Por isso, esses obstáculos devem ser removidos com paciência, um de cada vez. É como lavar uma assadeira na qual assamos uma leitoa na noite de Natal. Precisamos deixá-la de molho com um pouco de água e detergente e, no outro dia, ficará mais fácil eliminar a sujeira. Deixe seus maus hábitos de molho para que subam à superfície e, assim, você possa eliminá-los com maior facilidade.

> Você precisa estar no carro da fé em que o piloto é Jesus, aí você certamente chegará neste "lugar" chamado paraíso.

Fica aqui um convite: Se a paz e o amor são nossos objetivos principais, por que não remanejar seu conceito de realização para as coisas que apoiam e medem qualidades como a bondade e a serenidade? O sucesso inclui saúde, energia, entusiasmo pela vida, bons relacionamentos, liberdade, estabilidade emocional, bem-estar e paz de espírito.

Quando se sentir perdido na vida, fique calmo, o universo colocará você de volta no caminho certo, sempre.

O despertar do buscador

É comum começar nossa caminhada espiritual em momentos de dificuldade na vida. São nesses momentos de tristeza, quando não há recursos terrenos para aliviar a dor ou trazer esperança, que nos tornamos mais humildes e mais sensibilizados e buscamos algo que nos conforte, que nos oriente e que nos fortaleça.

> "Não existe caminho para a felicidade, a felicidade é o caminho."
> **Thich Nhat Hanh**

Intuitivamente, há quem busque algo mais, uma vez que se sente conectado com o Criador. Quando converso com as pessoas e conduzo a conversa para o lado espiritual, eu sinto o quanto são carentes e o quanto desejam acessar o mundo desconhecido, e a carência que sentem de alguém que assopre a brasa de sua centelha divina. Em seu interior, o buscador quer a iluminação de suas trevas, quer a paz, saciando-se do amor divino e incondicional.

Quando as portas da trilha espiritual se abrem, é natural querer saber sobre o que falam as pessoas que já estão na caminhada. O que elas buscam é a verdade, o autoconhecimento e a paz interior, saber mais sobre o espírito, a alma e a presença de Deus, de maneira a encontrar significado para a vida.

Uma vez que entramos em contato com a espiritualidade, brota em nós a vontade de aprender mais, de contribuir mais e de ajudar a construir um mundo melhor para todos nós. O cultivo de uma consciência mais elevada que nos leva a olhar além da matéria se faz necessário. Esse é um caminho sem volta e amplia nossa visão do mundo e da vida.

Física quântica (ciência) e espiritualidade

Sempre fui cético, "meio São Tomé", pois sempre quis ver para crer. Eu não me contentava com as respostas que recebia. Foi dessa inquietude que descobri que sempre existiu um tesouro não explorado por falta de informação e de tempo, por ignorância ou por dificuldades que até então tínhamos de entendê-lo. Até algumas décadas atrás, o caminho da espiritualidade era baseado apenas na fé. Hoje, com as grandes descobertas da física quântica, a ciência tornou-se uma grande aliada para contribuir com o desenvolvimento espiritual.

No século XVII, o filósofo e matemático francês René Descartes (1596-1650) e o físico, matemático, astrônomo e teólogo inglês Isaac Newton (1643-1727), em função das constantes divergências entre a igreja e os cientistas, propuseram ao clero que eles cuidassem do sagrado e a ciência cuidaria da natureza, da matéria. Para eles, naquela época, ciência não tinha nada a ver com o sagrado.

Houve, então, uma separação entre essas duas áreas até o século XX, ou seja, por mais ou menos 250 anos. Um marco importante para a reconciliação foi o advento da física quântica descoberta pelo físico alemão Max Planck, em 1900, e posteriormente com Albert Einstein, Werner Heisenberg, Niels Bohr, Erwin Schrödinger, Louis de Broglie e outros. Hoje, a física quântica e a neurociência vêm andando de mãos dadas com a fé. Há muitas comprovações científicas de fatos relacionados à clarividência, à telepatia, à pré e pós-cognição, que até então eram considerados milagres.

De acordo com os maiores líderes e pensadores espirituais que passaram pelo planeta, o que precisamos para evoluir espiritualmente e conquistar uma vida plena, equilibrada e feliz é treinar e calibrar nossa antena, ou seja, nosso espírito sintonizar a frequência divina.

CAPÍTULO 3
A FREQUÊNCIA DIVINA

> "Não espere o sofrimento terminar antes de ser feliz."
>
> **Buda**

Em seu livro *A idade dos milagres*, Marianne Williamson relata que, ao atingirmos a idade madura, passamos a nos dar conta dos milagres que aconteceram em nossa vida. Não estou me referindo a fenômenos como a multiplicação de pães e peixes da Bíblia. Sabe aqueles acontecimentos que, ao olharmos de fora, percebemos que precisaram de tantos fatores para acontecer daquela maneira que só podiam ter "a mão de Deus"? Ao apurar seu senso de observação, verá que muitas vezes recebeu esses toques divinos. Na maioria das vezes, vivemos no automático e não percebemos a beleza do que nos acontece a cada instante. Tudo porque nossa "antena espiritual" não decodifica a frequência cósmica desse fato. O plano físico atua com frequências mais densas. Já o mental e o espiritual com frequências mais sutis. Somos emissores e receptores de energia e só a recebemos naquelas frequências em que somos capazes de vibrar. A partir do momento em que você sintoniza a frequência divina, verá os milagres se multiplicarem em sua vida.

Vou citar aqui um dos "milagres" que aconteceram comigo. Eu trabalhava na Figueiredo Ferraz, empresa que fazia grandes projetos de engenharia e, naquela ocasião, fazíamos algumas mudanças no projeto do aeroporto de Belo Horizonte. Sexta-feira de carnaval do ano de 1981, o diretor de projetos entra no departamento e diz: "Nosso prazo é quarta-feira. Preciso da boa vontade de alguns para terminarmos o projeto neste final de semana prolongado de carnaval". Falei com um projetista e um desenhista de meu departamento e nos propusemos a dar conta de nosso setor e assim fizeram outros departamentos e combinamos para sábado de manhã dar continuidade nos trabalhos. Desempenhávamos o projeto no 12º andar do edifício Grande Avenida na avenida Paulista em São Paulo. Na sexta-feira à noite, eu dava aulas de arquitetura na Faculdade Belas Artes de São Paulo. Naquele dia, um aluno fazia aniversário e convidou a classe para comemoração após a aula. No intervalo das aulas, na sala dos professores, liguei (na época não havia celulares) para o projetista Jorge e perguntei-lhe se poderíamos começar nosso trabalho após o almoço, tendo em vista que tínhamos domingo, segunda e terça de carnaval pela frente. Combinamos dessa forma, pedi que avisasse o desenhista.

No sábado, estava me preparando para ir trabalhar e vejo a notícia pela TV do incêndio no edifício Grande Avenida. Corri para lá e presenciei um dos dias mais tristes de minha vida. Grande movimento de bombeiros e helicópteros para apagar o fogo. Nossos amigos de trabalho acenavam do 12º andar. O fogo começou no primeiro andar. Resumo do dia: todos os meus amigos que foram no sábado de manhã morreram no incêndio.

Salvos por uma festa de aniversário. Hoje olho para trás e sinto esse fato como um dos "milagres" que aconteceram comigo.

A grande emissora da frequência cósmica é o Criador e ela está no ar ininterruptamente desde que o mundo existe. As informações divinas estão por toda parte, porém são emitidas em alta frequência. Como nossa frequência da matéria é baixa, não as percebemos. E por que não as percebemos?

Uma analogia com a energia elétrica é válida aqui. A energia elétrica de alta-tensão é conduzida por cabos especiais no alto dos postes e das torres de alta-tensão. São necessários transformadores para fazer o rebaixamento de alta para baixa tensão para que possamos utilizá-la nos aparelhos domésticos. Sem isso, queimaríamos todos eles. Assim também é a alta frequência divina; precisamos nos preparar para captá-la, afinar nossa antena para receber e suportar a frequência cósmica, ou precisamos pedir para certas pessoas capacitadas espiritualmente (transformadores) fazerem o papel de veículo de recepção de uma graça ou de uma cura.

> Assim como uma pequena lâmpada não aguenta altas voltagens, os nervos humanos também não estão prontos para aguentar a corrente cósmica. Segundo os iluminados, se nos fosse concedido agora o êxtase infinito, queimaríamos, como se cada uma de nossas células estivesse em chamas.

De onde vêm os *insights*

Se não é energeticamente possível manter-se na voltagem máxima da corrente cósmica, é possível flertar com ela. As inspirações, os *insights*, os vislumbres de realidade sagrada acontecem na vida de várias formas. Às vezes, caminhando em silêncio, meditando, orando, conversando com uma pessoa que está em um "estado de graça". Esses toques costumam ser fugazes e, se não estivermos atentos, não conseguimos retê-los e validá-los. Com isso, esvaem-se no meio de pensamentos mais racionais.

Quando nos tornamos mais maduros espiritualmente, percebemos esses momentos com mais facilidade – e eles parecem ser mais frequentes –, tudo porque estamos mais atentos, mais conectados. Por isso Buda propõe a atenção plena.

Como um sonho bom, queremos que aquela emoção perdure, que aconteça com mais frequência, porque nos dá uma sensação de paz. E é bom relembrar esses momentos, porque nos remetem à liberdade.

GLÂNDULA PINEAL: NOSSO CHIP DE CONEXÃO COM O CRIADOR

Todos nós nascemos com um equipamento poderoso capaz de captar ondas de frequências mais elevadas, só que precisamos afiná-lo, treiná-lo, programá-lo. Somos como aves migratórias, que vão em busca de lugares quentes e migram no inverno. As aves são "equipadas" com sensores, como um GPS de fábrica para perceber quando e para onde ir. Nós humanos somos "equipados" com sensores que nos conduzem a Deus, à grande luz, ao Criador.

Esse chip, a antena poderosa, é a glândula pineal, que está no centro do cérebro. Ela é do tamanho de uma ervilha e possui cristais que captam as frequências de ondas. As práticas de meditação, oração, silêncio, contemplação e autodoação nada mais são que aprendizados para afinar essa nossa antena para captar ondas mais sutis.

No início da caminhada espiritual, não sentimos determinados sinais, mas com o tempo vamos percebendo que aquela "imagem" desfocada vai ficando mais nítida. Aquele sentimento de colaborar com o

> próximo vai desabrochando, a compaixão vai florescendo, a necessidade de levar vantagem sobre o próximo vai diminuindo, e, assim, vamos nos tornando melhores para nós mesmos e para o mundo.

Somos emissores e receptores, mas só percebemos as coisas do mundo que vibram na mesma frequência que vibramos.

Nós criamos nossa realidade

Se vibramos no pessimismo, no baixo-astral, no vitimismo, captamos o que é relativo às baixas vibrações. Por sua vez, se vibrarmos com esperança, alegria, amor, otimismo, captamos ondas do universo que conspiram para o bem, para a alegria e para o bem-estar.

Nós criamos nossa realidade, por meio de nossos pensamentos e de nossas emoções. Na física quântica, os físicos concluíram que há diferentes níveis de realidade e só percebemos aqueles que estamos preparados para perceber. Dessa forma, se acreditamos que alguma coisa não é possível para nós, nós não a percebemos, nós não a vemos, ela não se tornará realidade para nós. Para isso, a programação neurolinguística dá o nome de crença limitante. Se uma pessoa diz "Ah, não consigo aprender matemática, não consigo aprender violão...", ela não aprenderá mesmo, porque todas as suas células já tomaram isso como verdade.

Nós só percebemos as coisas do mundo que vibram nos padrões que nossos sentidos conseguem captar. Quer um exemplo? Nossa capacidade de enxergar as cores. O aparelho óptico só consegue captar as cores que têm comprimentos de ondas do vermelho ao violeta. Já as cores que têm comprimento de onda abaixo do vermelho e acima do violeta não são enxergadas, não fazem parte de nossa realidade.

Assim também acontece com nossos ouvidos, que são limitados a ouvir as frequências de sons que vibram entre 20 e 20.000 Hz, ou seja, não conseguimos ouvir abaixo de 20 Hz e acima de 20.000 Hz.

> Aquilo que percebemos e interpretamos existe para nós e faz parte da nossa realidade, do nosso mundo. Aquilo que não sintonizamos, ou seja, não captamos, não faz parte do nosso mundo.

As ondas que não vemos

Em todos os lugares do universo e consequentemente do planeta, circulam ondas que não são captadas. Não as vemos, não as ouvimos e não as sentimos. Elas não fazem parte de nossa realidade, mas estão por aí. Por exemplo: se ligarmos um pequeno rádio de pilhas e sintonizarmos em alguma rádio que está emitindo ondas em uma certa frequência, ele captará e emitirá os sons relativos àquela música, então aquela música fará parte de nossa realidade, ou seja, o aparelho captou as ondas que os ouvidos não conseguiam captar.

Receptores de emoções

Em 2004, a dra. Candace Pert defendeu sua tese de doutorado e provou que nós nos alimentamos de nossas emoções e que podemos nos viciar em emoções, assim como nos viciamos em qualquer fármaco externo. Ou seja, somos construídos de emoções.

Quando temos um pensamento, uma emoção é gerada, há produção de substâncias químicas. A cada emoção, é acionada uma "pequena farmácia" que temos no cérebro (hipotálamo). Por meio da glândula pituitária, o hipotálamo coloca na corrente sanguínea as substâncias químicas produzidas por uma emoção.

Por exemplo, quando nos submetemos a sentimentos de carinho, de ternura, de amor, são lançados na corrente sanguínea determinados tipos de informações químicas. Já quando estamos sob o efeito de sentimentos de raiva, de rancor, de ódio, outros tipos de informações químicas são lançadas na corrente sanguínea.

As células têm receptores para todos os sentimentos, mas os receptores para as emoções do amor não permitem a recepção das emoções de ódio e vice-versa. Dessa forma, a cada emoção é acionado um receptor celular.

Veja que interessante: se começamos a bombardear continuamente as células com o mesmo tipo de emoção, boa ou ruim, elas se adaptam a essas emoções. Por exemplo, vamos imaginar uma pessoa que vibra no vitimismo, vive reclamando e se diz muito azarada. Toda vez que ela vibra nessa emoção, acontece uma produção de químicos. Se ela seguir fazendo isso constantemente, bombardeará as células frequentemente com esse tipo de emoção, transformando os receptores. Vamos supor, como explica o professor e físico Moacir Costa de Araújo Lima, que esses receptores de autoconfiança sejam redondinhos e os receptores do vitimismo sejam quadradinhos. Se as células só têm recebido quadradinhos, elas se adaptam transformando seus receptores redondinhos em quadradinhos. Dessa forma, ficam mais preparadas para receber emoções de vitimismo e menos preparadas para as de autoconfiança. O que ocorre depois? Pode chegar a um ponto em que a pessoa não quer mais sentir a emoção do vitimismo, mas, quando percebe, já está se colocando nesse lugar. Isso porque as células estão pedindo, e o pior, quando essas células se reproduzem, as novas já vêm com receptores quadradinhos.

Portanto, não adianta nos alimentarmos bem e tomarmos medicamentos se nossas células estão se alimentando de emoções que não nos fazem bem. Elas podem nos viciar nesses químicos internos. As células vão pedir sentimentos de negatividade, assim como se viciam em álcool e drogas, e quanto mais as alimentarmos, mais vão pedir esses produtos, porque elas vão obedecer.

O que fazer? Se criamos esses monstrinhos, a solução é matá-los de fome. Procure conteúdos úteis para ocupar a mente. Quando o sentimento de raiva bater, tente deixá-lo para lá, não o leve adiante, não fique impaciente e tente neutralizar a ansiedade. Por sua vez, deseje o bem para as pessoas que encontrar, sorria, saia com amigos, assista a uma comédia, caminhe, pratique um *hobby* e, acima de tudo, exercite sua espiritualidade: ore, silencie, medite, faça algo para o próximo.

Ao buscarmos sintonizar
a frequência cósmica, a síntese
da lei universal, a lei do amor, nós nos
construímos e vivemos melhor, com
mais disposição e saúde, refletindo
uma aparência mais bem cuidada.

Não há cirurgia plástica que resolva a situação de quem vive de mau humor, de não se aceitar, de mal com a vida –, e essas doenças não aparecem nos exames médicos.

FREQUÊNCIA EM ALTA = SAÚDE EM ALTA

Segundo uma pesquisa da Universidade de Harvard, quem vibra internamente em frequências superiores, como do amor, da alegria e da compaixão, é capaz de crer nas leis universais. Quem crê em um ser supremo e crê que o Criador já nos equipou com o opcional "tudo posso naquele que me criou" se recupera melhor e mais rápido de qualquer doença ou cirurgia. Esse grupo de pessoas tem algum objetivo na vida e vive mais e muito melhor que aquelas que em nada creem e vivem na desesperança.

Na relação entre nós e o universo, somos emissores e receptores e só recebemos na frequência na qual vibramos. Só recebemos aquilo que oferecemos. Fazendo uma analogia, se jogarmos uma pedra no centro de um lago, as ondas se propagam para as margens e depois voltam ao centro. As leis que regem o universo são assim. As vibrações de suas atitudes, de suas palavras e de seus pensamentos são lançadas no universo e, posteriormente, voltam para você. É a lei de dar e receber. As pessoas que vivem vibrando no baixo-astral sempre estarão sintonizadas nas emissoras que estão emitindo mensagens de pessimismo.

Se você quer ter uma vida de prosperidade, é importante colocar a semente da prosperidade em tudo o que fizer. Seja qual for sua tarefa, fazer um almoço, enfeitar a casa, fazer um projeto, ir ao supermercado, coloque sementes de prosperidade. Ao lançá-las no universo, elas tendem a voltar para você, não em seu tempo, no tempo cósmico.

O grande problema para aceitarmos e acreditarmos nas leis do universo é que somos imediatistas. Às vezes, elas não acontecem na velocidade de que gostaríamos, mas elas voltarão e cumprirão seu fluxo.

Para uma vida leve, alegre e suave, coloque suavidade, alegria e leveza em tudo o que fizer. Isso não é místico, é a lógica do funcionamento do universo. Reflita e pense nas pedrinhas que você está lançando no universo, no futuro elas retornarão a você.

> "A vida não nos dá nem nos tira
> nada, a vida apenas nos devolve
> aquilo que oferecemos."
> Albert Einstein

As frequências disponíveis no universo

> "Desenvolver o espírito é mudar
> o endereço da alma."

Todas as frequências estão disponíveis no universo e só aquelas que conseguimos sintonizar se tornam realidade para nós.

Certa vez, dr. Deepak Chopra, médico e físico, fez um experimento. Colocou uma pessoa para assistir a um filme de terror e, em seguida, coletou a saliva dela a fim de observá-la em um microscópio eletrônico. O que ele notou foi que as reações identificadas na saliva aconteciam em sincronia com as reações da pessoa a cada cena do filme. Ele foi levando essa amostra de saliva cada vez mais longe, até a 90 quilômetros, e continuou constatando as coincidências nas reações. Percebeu, portanto, que nosso pensamento emite uma onda cuja velocidade é desconhecida – a olho nu, ela é instantânea. É o que acontece no mundo subatômico, com o *spin* do elétron: os físicos não conseguem vê-lo mudar, ele apenas desaparece e aparece em outro lugar ao mesmo tempo. São como as ondas do pensamento emitidas por uma pessoa em uma oração ou em uma meditação sendo recebidas instantaneamente por outra do outro lado do mundo.

O poder da oração

Hoje há muitos médicos neurologistas, físicos e cientistas que estão fazendo pesquisas com ondas de pensamentos emitidas por meio de meditações e orações. O dr. Chopra, por exemplo, também pesquisou um grupo de pacientes com câncer de características semelhantes. Metade deles, sem que soubesse, recebeu orações de um grupo; já a outra metade, não. Resultado: a parte que não foi submetida a orações teve 33% de cura, enquanto a outra, que recebeu as preces, teve 80% de cura, provando, portanto, o poder das ondas emitidas pelo pensamento através da oração.

Quando aprendemos a orar, a meditar, a concentrar nossos pensamentos, a focar nossa mente para o bem de alguma questão, como saúde, prosperidade e espiritualidade, conseguimos mudar nossa realidade. Assim agem as pessoas desenvolvidas espiritualmente: vibram em uma frequência mais elevada, conseguindo mudar as células doentes de frequências mais baixas para frequências normais e, assim, curar uma enfermidade.

Os níveis de frequência vibracional

A frequência vibracional é o ritmo pelo qual uma pessoa emite sua energia vital. Ou seja, é o movimento constante da energia vital em direção ao mundo externo. A energia está presente em todas as coisas do universo, e a qualidade dela afeta as pessoas de forma positiva ou não.

A vibração espiritual diz como nos relacionamos com o mundo. Quando estamos felizes e animados, ela tende a estar alta, oferecendo uma ótima sensação de bem-estar, que nos deixa ainda mais dispostos. Quando estamos tristes, ela fica baixa e nos tira a alegria de viver.

A lei da vibração universal é simples: você atrai tudo aquilo que você vibra por meio de pensamentos, sentimentos e emoções. Segundo a lei da atração, semelhante atrai semelhante.

David Hawkins, doutor Ph.D., cientista, médico e psiquiatra, criou métodos para medir níveis de consciência e desenvolveu a Escala Hawkins de Consciência, que mostra os níveis de consciência em função dos níveis de vibração em que estamos vibrando.

As vibrações de nossas emoções variam de 20 a 1.000 Hz. Cada nível de consciência gera uma vibração, a qual, por sua vez, gera uma emoção. Se estamos alegres, satisfeitos e saudáveis, todas as nossas células estarão satisfeitas e alegres.

As pessoas que se desenvolvem a ponto de vibrar na frequência do amor, por exemplo, tornam-se veículos de cura, tanto para si mesmas como para outras pessoas. No entanto, poucos no mundo conseguem vibrar acima de 500 Hz, que é a emitida pelo amor incondicional, capaz, inclusive, de melhorar a frequência do planeta. Hoje, sabe-se, cientificamente, que os pensamentos de todos os seres humanos criam uma "aura", uma "nuvem", no planeta. Infelizmente, ela é de baixa frequência, razão pela qual vivemos tamanha desordem econômica, política e religiosa em nosso paraíso chamado Terra.

A Escala Hawkins de Consciência

A Escala Hawkins de Consciência:
- » 1º grupo: 0 a 175 Hz → grupo de frequências baixas.
- » 2º grupo: 200 a 499 Hz → grupo de frequências médias.
- » 3º grupo: 500 a 700 Hz → grupo de frequências altas (grupo das pessoas que são veículos de cura).
- » Acima de 700 Hz → iluminação.

	Frequência (Hz)	Nível de consciência	Emoção
Ômega			
↑ Expansão da consciência	700-1.000	Iluminação (consciência maior)	Indescritível
	600	Paz	Felicidade
	540	Alegria	Serenidade
	500	Amor	Reverência (contemplação)
	400	Razão	Compreensão
	350	Aceitação (resiliência)	Perdão
	310	Boa vontade (força de vontade)	Otimismo
Neutralidade	250	Neutralidade	Verdade (lucidez)
	200	Coragem	Afirmação (determinação)
	175	Orgulho	Desprezo (rejeição)
Contração da consciência ↓	150	Raiva	Ódio (ressentimento)
	125	Apego	Desejo (cobiça)
	100	Medo	Ansiedade
	75	Tristeza	Arrependimento
	50	Apatia	Desespero (falta de fé)
	30	Culpa	Ofensa (remorso)
	20	Vergonha	Humilhação
Alfa			

Fonte: HAWKINS, David. *Poder vs. força: os determinantes ocultos do comportamento humano.* São Paulo: Pandora; 2019.

As vibrações descritas na tabela são as que constroem a realidade. Elas podem ser medidas naturalmente por meio de um teste muscular ou da radiestesia. Segundo a escala desenvolvida pelo Dr. Hawkins, a vibração de 200 Hz é a que nos separa da estagnação. Abaixo desse nível, a vida não consegue fluir. As vibrações entre 200 e 400 Hz são de pessoas vencedoras. O grande desafio é ultrapassar o nível 400 Hz. A elevação de 400 para 499 Hz significa uma mudança de paradigma – passa a contribuir para uma sociedade mais humana. A vibração de 500 Hz é a do amor; na subdivisão 540 Hz, começa o nível de consciência relacionado ao amor incondicional. A partir do nível 600 Hz, a pessoa encontra a paz.

A autorrealização começa no nível 700 Hz – é nessa frequência que se encontram os grandes profetas espirituais que dedicaram sua vida para salvar a humanidade.

Hoje sabemos que poucos seres humanos vibram na frequência do amor, que é de 500 Hz. Segundo Vitor Esprega, em seu livro *Liberdade espiritual*, há um único ser no planeta que vibra na frequência 700 Hz, Palden Dorje, e um único ser que vibra na frequência 850 Hz, Pa-Auk Sayadaw.

O último nível, o útimo estado de consciência que calibra até 1.000 Hz, é o dos enviados de Deus, da consciência crística, como Jesus.

Para aqueles que quiserem conhecer melhor os níveis de vibração, como são medidos e outras informações, aconselho a leitura dos livros do dr. David R. Hawkins, M.D., Ph.D., principalmente a obra *Poder vs. força*.

O poder coletivo das vibrações

Alguns cientistas norte-americanos fizeram experimentos com meditadores, pedindo a eles que orassem em meditação para melhorar as emoções e os relacionamentos, baixar o índice de criminalidade e elevar a vibração geral de algumas cidades.

Fizeram os experimentos com vários tamanhos de cidade, de pequenas até a capital Washington e chegaram à conclusão a seguir.

> Para elevar a vibração de um local, é necessário pelo menos um número de pessoas meditando para o bem comum, equivalente à raiz quadrada de 1% da população daquele local.

Por exemplo, precisamos de 32 meditadores capacitados em meditação e oração para melhorar os índices de qualidade de vida de uma cidade com 100 mil habitantes.

Seguindo o mesmo raciocínio, para uma cidade com 10 milhões de habitantes, precisamos de 316 pessoas. Considerando que nosso querido Brasil tem 210 milhões de habitantes, precisamos de 1.450 pessoas.

Para o planeta Terra, considerando uma população de 8 bilhões de habitantes, precisamos de 8.944 pessoas desenvolvidas espiritualmente meditando ao mesmo tempo para melhorar a frequência da vibração presente na aura terrestre e na nuvem espiritual que paira sobre o planeta azul.

Com aproximadamente 10 mil pessoas desenvolvidas espiritualmente, com capacidade de oração, meditação e mentalização gerando emoção, o planeta começaria a vibrar em uma frequência melhor e teríamos melhores condições de vida. Então, fica a pergunta: por que ainda não houve a iniciativa dos grandes líderes espirituais para defender essa causa maior que beneficiaria grandemente a humanidade?

Acredito que está faltando ESPIRITUALIDADE aos grandes líderes religiosos de hoje para tomar a iniciativa de se unirem em torno deste que seria o melhor acontecimento para os seres humanos.

Precisam parar de defender suas religiões, parar de achar que Deus frequenta só sua igreja e que gosta mais de seu país.

> Deus não ORA na língua
> desta ou daquela religião.
> Deus vibra para todos na mesma
> frequência universal.

O mais simples dos seres humanos tem a capacidade de sintonizar a frequência divina e receber uma graça em qualquer lugar do planeta independentemente de sua etnia ou de sua religião. Não precisamos dos satélites do Elon Musk, nem de antenas especiais para sintonizar a internet de Deus.

Você já vem com este opcional de fábrica, só precisa sintonizá-lo.

CAPÍTULO 4

INICIANDO A JORNADA ESPIRITUAL

> "Você foi criado(a) para ser uma maravilhosa e amável expressão da vida. A vida está esperando você se abrir e sentir-se digno do bem que ela pode dar. A sabedoria e a inteligência do universo estão à sua disposição para serem usadas. A vida está aqui para apoiá-lo(a). Confie no poder que está dentro de você. Ele só quer seu bem."

Louise L. Hay

Não é preciso ir muito longe para acessar a espiritualidade. Você precisa começar de onde está, com a experiência de vida que possui. Se segue uma religião e se participa de uma comunidade, é bom que continue, porque o relacionamento com o próximo sempre nos ajuda a melhorar.

Para desenvolvermos o espírito, não importa se somos católicos, evangélicos, budistas, islamitas ou qualquer outra denominação. Não importa a cor, a raça, a ideologia, muito menos o grau de instrução. Deus é um só para todos nós. Deus não fala uma língua, Ele vibra uma frequência que pode ser sentida e entendida por qualquer ser humano, em qualquer lugar do planeta.

RELIGIÃO X ESPIRITUALIDADE

Religião é um sistema sociocultural de comportamentos, práticas e crenças relacionadas ao que é considerado sagrado.

Espiritualidade é uma busca do ser humano de sentido para a vida, uma conexão com algo maior, a consciência cósmica com o Criador.

O padre jesuíta Pierre T. de Chardin (1881-1955) cita algumas diferenças entre religião e espiritualidade que valem ser analisadas:

» A religião não é apenas uma, são centenas. A espiritualidade é apenas uma.
» A religião é humana e uma organização com regras. A espiritualidade é divina e sem regras.
» A religião você pratica com os outros. A espiritualidade é entre você e Deus.

Você pode perceber em seus relacionamentos pessoas de várias religiões. Há os que foram criados no catolicismo, outros são evangélicos. Uns vão frequentemente à igreja, outros vão uma vez por ano. Há os que se encontraram no espiritismo, os que se dizem budistas, e, graças à liberdade, cada um segue sua vida espiritual do jeito que bem entende.

Para muitos, as religiões são o caminho para despertar o espírito e ajudar na evolução espiritual. Porém, afinar seu espírito para captar a frequência cósmica do Criador é algo que brota de dentro, do íntimo da alma. E aí o assunto é entre você e Deus. Na religião é você com os outros, na espiritualidade é você com Deus, ou melhor, é você consigo mesmo, quando perceber que ELE está dentro de você.

No início do século I, o divino mestre Jesus proferiu seus mais belos ensinamentos no *Sermão da Montanha* e nos capítulos 5, 6 e 7 do evangelho de São Mateus. Ele nos propõe uma cirurgia da alma sem anestesia para remover o escalpo, a casca grossa que envolve o homem velho, e apresenta os ensinamentos mais belos e profundos para o surgimento do homem novo.

Percebo que, na maioria das vezes, as pessoas mais simples e mais humildes têm mais facilidade de se desenvolver espiritualmente, pois são menos céticas, têm o coração mais puro e mais aberto para receber a graça e doam-se mais facilmente. Elas não trazem na bagagem a astúcia, a esperteza para levar vantagem e o orgulho de se acharem mais capazes.

Quanto maior se torna o SER de uma pessoa, menor seu desejo de TER.

Renúncias fazem parte do processo

Ao fazer a opção de iniciar sua caminhada espiritual, é inevitável fazer alguma renúncia. Isso pode inclusive ser natural para você. Por exemplo, em vez de assistir a um programa na televisão, você preferirá uma palestra sobre o assunto, ler um livro ou participar de uma comunidade. O processo é parecido com o da mãe ou do pai que sacrifica seus sonhos em prol do bebê que chora no berço. No momento da escolha entre uma atividade e outra, o que pesa é o sacrifício por atingir algo maior e mais importante. Esse é o amor ágape, que você só entenderá em outra dimensão.

A renúncia costuma acontecer aos poucos, porque as camadas de poeira, de ferrugem, de lixo e de parasitas incrustados em nossa mente, proporcionadas pelos usos e pelos costumes do mundo material, são muito difíceis de serem removidas.

Na jornada espiritual, aos poucos, nós nos desapegamos de nosso ego e da matéria. Segundo os grandes mestres, a ganância e a cobiça são as raízes de todos os males que permeiam o mundo.

> Quem começa a sentir
> a plenitude do SER vagarosamente
> vai renunciando à abundância
> do TER.

Todos nós acumulamos uma bagagem emocional excessiva, e o melhor que podemos fazer é ir nos desfazendo dela devagar, uma coisa de cada vez. Precisamos melhorar nossa tendência à ira, à inveja, ao consumismo, à impaciência, ao orgulho, ao egoísmo e à falta de perdão.

> Como toda falta de paz
> nasce do desejo de TER,
> quem não deseja mais TER
> não tem motivos para
> não ter PAZ.

Se você precisa mudar algo, se quer dar um significado maior para sua vida, se deseja aprender a amar melhor e sente a necessidade de se doar para ficar bem, é hora de dar o primeiro passo rumo à espiritualidade.

Dê o primeiro passo que Deus te dá o chão.

A cada pequena renúncia que conseguirmos, facilitamos nossa próxima renúncia, porque isso nos faz sentir melhor. Nossa visão fica mais clara para o mundo que queremos. A renúncia nos liberta e começamos a vibrar em uma frequência melhor.

"Quero conhecer o pensamento de Deus." — Albert Einstein

Desenvolver a espiritualidade é um meio de despertar, tirando o espírito do estado de dormência. Quando começamos a acordar, damos início a um contato maior com a realidade. Nossos olhos enxergam, nosso coração sente, e nossa mente se abre para sentir a magia desse mundo novo, colorido e brilhante que jamais tínhamos enxergado.

Às vezes, as pessoas têm a impressão errada de que a espiritualidade é um setor distinto da vida, o apartamento de cobertura da existência, mas, quando corretamente entendida, é uma consciência fundamental que penetra em todos os recantos de nosso ser.

DO QUE SE TRATA A VIDA ESPIRITUAL?

Os padrões da vida espiritual são diferentes dos estabelecidos na vida humana. Não podemos viver segundo a filosofia do olho por olho, dente por dente, acumular tesouros na Terra, passar por cima das pessoas e, ao mesmo tempo, querer colher os frutos da vida espiritual.

Segundo os espiritualizados, cada experiência de encontro com o sagrado se dá de forma diferente, por caminhos que nunca imaginamos. O mundo metafísico, aquele que normalmente não enxergamos, trata dessas coisas que nos parecem misteriosas. Com o avanço da ciência, no entanto, elas vêm se tornando mais reais, e temas que poderiam ser considerados de outro mundo no passado agora passam a ter comprovações reais.

As questões espirituais tratam da verdade final e nos ensinam como nos conhecer melhor, como amar melhor o próximo. Harmonia, paz e felicidade são os verdadeiros objetivos.

Sobre o aprendizado espiritual

Se você achar que a caminhada está difícil, é porque está no caminho certo.

Você não precisa ser nota 10, altamente desenvolvido espiritualmente, iluminado ou viver o reino de Deus aqui na Terra para ser uma pessoa melhor. Todos nós nos desenvolvemos devagar, pois não é possível uma transformação repentina.

Quando aprendemos qualquer habilidade, como tocar um instrumento, aprender uma língua ou andar de bicicleta, passamos por dificuldades. Leva tempo para dedilhar um piano com destreza, falar outra língua fluentemente, pedalar soltando as mãos do guidão e sentindo a brisa no rosto. No aprendizado espiritual, o processo é semelhante. Certas atitudes e práticas dos grandes mestres parecem normais, fáceis, prazerosas para eles, mas se mostram difíceis e dolorosas para os aprendizes. Portanto, cairemos e falharemos muitas vezes até conseguir planar com satisfação e alegria.

> Como todo aprendizado, a espiritualidade requer estudo, tempo, disciplina e dedicação.
> É um chamado para sair da zona de conforto e surfar nas ondas de uma vida desconhecida e promissora.

Sim, o processo é lento e a trilha é difícil de ser percorrida, mas com treinos disciplinados conseguimos exercitar e aquietar nossa mente. Dessa forma, passamos a ser capazes de deixar os pensamentos irem durante as meditações, entrar em um estado de silêncio para nos autoconhecermos, sorrir mais, escutar os problemas de um amigo, ter mais equilíbrio nas decisões, não revidar uma fechada no trânsito. Assim, vamos entendendo que não podemos esperar os problemas acabarem para nos darmos o direito de ser feliz. Afinal, a felicidade está em alguns momentos durante a jornada e não na chegada.

> "A busca de Deus não é fácil para ninguém, e quando chega sua revelação é algo tão diferente do esperado que, se a pessoa for honesta, terá de confessar que está além de sua compreensão."
> Joel S. Goldsmith

A espiritualidade é entre você e Deus

Segundo os grandes mestres espirituais, o desenvolvimento espiritual tem em comum a disciplina e a perseverança, mas os acontecimentos espirituais são diversos para cada ser humano. Diferentemente de outros treinamentos, não há regra, norma ou sequência a seguir. A jornada espiritual é única para cada um, com surpresas, facilidades e dificuldades. Os ensinamentos são de suma importância, mas cada caminhada é pessoal, é o que acontece entre você e Deus. Portanto, não adianta ter ideias preconcebidas. Soluções e respostas podem ser as mais inesperadas e bem melhores do que imaginávamos, sob medida para as necessidades de nosso espírito.

> "Eu, por mim mesmo,
> nada posso fazer."
> Jesus

IMPORTANTE!

Ao iniciar sua jornada espiritual, tenha em mente:

1. Não planeje os acontecimentos, eles são inesperados e espontâneos. Não siga um roteiro espiritual premeditado.

2. O destino é incerto. Não se esforce para chegar, siga os ensinamentos e deixe os acontecimentos fluírem naturalmente. Não fique imaginando que no final ganhará um

prêmio. Caminhe simplesmente sem pretensões de que um dia você irá se deparar com a "porta do céu"; bata e ela vai se abrir.

3. Devemos seguir os ensinamentos dos grandes mestres, mas não tentar trilhar o caminho de outras pessoas ao pé da letra. O mapa pode ser parecido, mas o relevo a ser percorrido no território é diferente. Portanto, seja flexível a todos os ensinamentos.

4. Não estabeleça um prazo para a espiritualidade. Esse desenvolvimento é diferente daqueles do plano físico, em que as metas são estabelecidas para conseguir diplomas. Uns vão percorrer a trilha em menos tempo, outros em mais tempo. Não adianta estabelecer um, cinco ou dez anos. Depende dos mestres, dos cursos, dos livros, do tempo que se dedica e principalmente de sua sensibilidade ou rigidez em acreditar que receberá a graça.

5. Não fique ansioso esperando um milagre acontecer. Relaxe e simplesmente deixe Deus agir. Só peça a presença Dele em seu processo.

> "Não deixes que a tristeza do passado e o medo do futuro estraguem a alegria do presente."
> **Buda**

O início da caminhada espiritual é profundo, mas é a melhor mudança de vida que poderá acontecer a você. Pode confiar: mudará sua vida para melhor. Ao perceber que está num momento de iniciar, disponibilize um tempo, confie no processo, aguente firme e se prepare para a viagem de seus sonhos. A seguir, falarei sobre algumas práticas que ajudam você a se conectar com sua porção espiritual e a desenvolvê-la.

Meditação

A prática da meditação nos ajuda muito a melhorar o estado de espírito, a clarear e colocar ordem nas confusões da mente e a nos tornar mais conscientes e mais tranquilos. Além disso, nos dá uma sensação de paz e equilíbrio, melhora os sentidos e as percepções e auxilia nas decisões que a vida nos propõe. Meditando você torna a vida mais simples, purifica a mente, transforma as trevas em luz, reduz medos e preocupações e se torna capaz de levar a vida com mais facilidade.

No final deste capítulo, há uma meditação orientada pelo mestre espiritual indiano Paramahansa Yogananda, que escreveu *Autobiografia de um iogue*. Yogananda foi da Índia para os Estados Unidos em 1920 a pedido de seu mestre para divulgar a Kriya Yoga no ocidente. Lá criou a Self-Realization Fellowship em Los Angeles, Califórnia, hoje espalhada por todo o continente.

Quando iniciar a prática da meditação e aprender a silenciar a mente, não pense que com 10 ou 20 sessões de 20 a 30 minutos diários, você vai se iluminar. Não se iluda. Porém, não desanime, nem desista. Comece pacientemente com 5 minutos diários. Todos que iniciam na meditação reclamam que não conseguem parar de pensar, que não conseguem acalmar a mente. Têm o que chamam mente macaco, que fica pulando de galho em galho e não consegue ficar quieta. Mal começa a se concentrar, já pensa na lista do supermercado, na consulta que precisa marcar, no corte de cabelo que precisa fazer, no abastecimento do carro. Isso acontece com a grande maioria das pessoas. Então, não se sinta fora do normal. Em vez disso, invista em maneiras de treinar a mente, como a demonstrada a seguir.

TÉCNICA PARA INICIANTES EM MEDITAÇÃO

Escolha um momento em que você possa ficar em silêncio, sem ser interrompido. Sente-se em uma cadeira, um banco ou uma cama. Procure ficar com a coluna ereta para que a energia circule com mais facilidade pelos chacras (centros de energia). Coloque as mãos voltadas para cima sobre as coxas para que não incline o corpo para a frente. Mantenha o queixo paralelo ao solo. Nessa postura, inspire profundamente contando mentalmente até 3 ou 4. Segure a respiração contando até 3 ou 4. Expire suavemente pela boca contando até 4. Segure e conte até 3 ou 4 novamente e inspire profundamente outra vez, repetindo o ciclo. Faça esse exercício 3 ou 4 vezes. Em seguida, deixe sua respiração fluir normalmente e procure relaxar. Não importa a velocidade na qual você está respirando. Conte 1 ao inspirar e, depois, 1 ao expirar. Então conte 2 ao inspirar e 2 para expirar. Siga a contagem até 10. Por fim, faça a contagem de forma decrescente, do 10 ao 1. Essa técnica ajuda a concentrar-se na respiração e deixar os pensamentos de lado. Se no início você não conseguir fazer a contagem até 10, vá até o 5. E quando estiver fácil chegar ao 10, aumente para 20, 30 ou mais. Com pesquisas sobre meditação, você poderá adotar mantras ou até criar os seus.

Comece despretensiosamente, fazendo 5 minutos e vá aumentando para 10 e 15 até chegar a 30 minutos diariamente. Você pode meditar de manhã, no meio do dia ou antes de dormir. Eu prefiro meditar bem de madrugada. Procuro dormir cedo, acordar entre 3 e 4 da manhã para meditar durante 60 a 90 minutos, e voltar a dormir mais um pouco. Cada um escolhe seu melhor horário.

O grau de dificuldade é diferente para cada um. Uns têm mais facilidade, outros menos. Por exemplo, eu era muito cético e tive muita dificuldade em silenciar a mente e deixar os pensamentos irem. O processo pode ser lento, mas com o passar do tempo, todos conseguem melhorar o relaxamento. Sempre melhoramos nosso desempenho ao compararmos com as primeiras práticas. Seu foco deve ser em sua evolução, sem fazer comparações. Eu me lembro que levei meus três primeiros anos no curso de Kryia Yoga para começar me soltar e relaxar. Já faz dez anos que medito, e o sucesso da meditação depende muito do grau de agitação ou serenidade que você está vivendo. É muito gratificante ficar inerte, sentir a energia permeando seu corpo e ter a sensação de vibrar na frequência do universo, sentindo que você faz parte do TODO, da matriz divina.

É importante estar hidratado e em jejum durante a meditação. Beba um copo de água antes, porque quanto mais bem hidratado nosso corpo estiver, melhores serão as conexões celulares. Outra boa prática é não se alimentar de comidas pesadas à noite. Principalmente carne, porque ela tem digestão demorada e prejudica o bem-estar do organismo. Essa prática é mais importante ainda para quem medita à noite ou de madrugada.

Físicos e cientistas mais atualizados dizem que fazemos parte de um TODO e que estamos todos interligados por meio de uma matriz divina que contém O TODO. Por isso, quando sua frequência está baixa (raiva, ciúme, vitimismo), você interfere na frequência do outro, do próximo, do Todo. Se você estiver bem, cooperará com o bem-estar daqueles que o cercam e vice-versa, pois todos estão interligados.

Os cientistas demonstraram por meio de experiências científicas que talvez haja uma força vital circulando pelo universo que os teólogos denominaram Espírito Santo. É a ciência andando com a espiritualidade.

Oração

Lembre-se de que Deus sabe do que você precisa melhor do que você. Então, não faça de sua oração uma lista de desejos materiais. Não fique pedindo casa, carro, apartamento, boa colheita, chuva, viagem, sucesso, saúde. Em vez disso, fique em silêncio, foque sua atenção, peça a presença da vibração do amor incondicional Dele em sua vida, faça suas intenções, transforme-as em emoções e espere pacientemente pela graça.

Exemplificando: digamos que você deseje aprender a tocar violão e ter um bom progresso nisso. Primeiro, coloque-se humildemente diante de Deus e peça a Ele que inunde você com a frequência de seu amor incondicional. Depois crie um cenário mental: você tendo aulas de violão, comprando um violão, tocando para os amigos como se isso já estivesse acontecendo em sua vida. Peça a presença do amor incondicional do Criador sobre sua intenção e mentalize. Depois, agradeça ao Criador. Lance sua intenção, jogue suas pedrinhas para o universo, e Ele irá se encarregar de te devolver a graça da solicitação.

Perdão

Pratique o perdão. Aprenda a perdoar. A pessoa que precisa ser perdoada muitas vezes nem sabe que você está com raiva dela e quem se prejudica é você. É como tomar um copo de veneno e querer que o outro morra. Deixe ir o que lhe faz mal, a situação, a ofensa, para você se sentir melhor. Ao perdoar, o caminho que liga seu espírito ao espírito do Criador será desobstruído.

Também perdoe a si mesmo. É comum carregarmos vergonhas antigas e fingirmos que elas não existem. Nós as trancamos em uma gaveta e jogamos a chave fora. Não se martirize. Pense que fez como fez de acordo com o que tinha de recurso, condições e conhecimento naquele momento. Hoje, com o passar do tempo, você não os cometeria mais. Perdoe-se.

Muitos vivem atrás de máscaras, interpretando papéis para encarar o mundo. Têm receio de conhecer a si mesmos. O espiritualizado deve se olhar no espelho e dizer: "Eu sou seu fã, eu te admiro, parabéns pela pessoa que você é e pelo que representa para aqueles que o cercam".

Desenvolver o espírito é ir removendo as camadas de ferrugem e de lixo que acumulamos a vida toda. Lixo moral, espiritual, emocional e material. É necessário dar uma freada, relaxar, parar para pensar e dizer: "Espera aí, eu tenho o poder de mudar minha vida! Posso descartar o mau humor, as expressões faciais, a impaciência, as metas, os planos, as ambições e os sentimentos. Posso começar a perdoar mais, ser mais paciente, fofocar menos, julgar menos e começar a perceber que o mundo vai ficando cada dia melhor". Se continuarmos removendo as camadas, chegaremos à nossa alma, segundo princípios cristãos, ou ao nosso estado original, ao nosso ser nu e cru, genuinamente. A purificação do espírito, por meio da oração, da meditação e do silêncio, ajuda-nos a nos conectar com a realidade e a verdade. Essas práticas tornarão a vida mais sincera, clara, honesta e natural. As pessoas que conseguem conquistar seu eu interior contribuem com a paz e a harmonia para as pessoas que a cercam.

> "Conhecereis a verdade, e a verdade vos libertará."
> João 8:32

Gratidão

Seja grato aos bens manifestados em sua vida. Ao acordar, antes de abrir os olhos, já agradeça pela noite, pela cama, pela casa, pelo dia que se aproxima, pelo café da manhã, peça que Deus abençoe seu dia, e o de seus entes queridos, de todos que você tiver contato. Peça que Deus abençoe nosso país, nosso planeta.

Presenteie as pessoas com quem encontrar com um cumprimento, um sorriso, um aperto de mão, uma oração, uma partilha. Todos nós somos carentes de compaixão. Todos precisamos de cura da alma, de doenças que não aparecem em exames médicos. O remédio está na conexão do espírito com o Criador, está em seu sorriso, em uma gentileza, no seu bom humor, em uma informação.

Autodoação

Certa vez ouvi o italiano David Verdesi falar em uma de suas palestras que viveu 20 anos em meditação no Himalaia, mas não conseguiu um estado de felicidade, de saciedade ou de realização espiritual. Ele só atingiu a plenitude quando já tinha deixado o mosteiro e resolveu dedicar-se ao próximo, no reduto de Madre Teresa em Calcutá. Ali percebeu a vibração da frequência do amor, do perdão e da autodoação.

Com o desenvolvimento da espiritualidade, você perceberá que Deus está em uma flor à beira do caminho, em um nascer do sol, em um rio, em uma criança, nos animais, no irmão, na mãe, no amigo e principalmente dentro de você. Aí é onde ele vive, onde mora e onde expressa o amor por você.

Os mestres deixam muito claro que, quando seu espírito se abrir para o sagrado, você verá que parará de tentar mudar os outros e focará em mudar a si próprio. Você começará a aceitar as pessoas como elas são, aprenderá a perdoar, deixará os sentimentos irem, deixará de ter expectativas em seus relacionamentos e começará a se doar pelo bem desse gesto.

Os rios não bebem sua própria água, e as árvores não comem seus próprios frutos e não ficam em suas próprias sombras. As flores não espalham seus perfumes para si mesmas. O sol não brilha para si mesmo. Viver para os outros é uma regra da natureza. Todos nós nascemos para ajudar uns aos outros. Por mais difícil que seja, a vida é boa quando você está feliz, mas é muito melhor quando os outros estão felizes por sua causa.

Doar-se é o melhor remédio.

CAPÍTULO 5

LUZ: MATÉRIA--PRIMA DO MUNDO

> Eu sou a luz do mundo."

Jesus

Frequentemente, aprendemos em livros sacros que Deus é luz. Também é comum vermos representações de que, quando a luz rompe as trevas, ela inunda de alegria, de beleza e de cores todo o universo. Na era da física quântica, do mundo subatômico, começamos a perceber o que Jesus disse há 2.000 anos: "Vós sois a luz do mundo". Hoje, sabemos pela ciência que a luz é a razão de nossa existência, porque ela transporta, por meio de suas ondas cósmicas, a massa condensada do universo. O "C" que representa a velocidade da luz na fórmula de Einstein ($E = mc^2$) é a matéria-prima de todas as coisas do universo.

As ondas de luz solar reagem com a Terra, produzindo todos os elementos da tabela periódica. Todos os elementos são produzidos pela luz – do mais simples, o hidrogênio, ao mais complexo, o urânio. Portanto, tudo que classificamos como matéria é luz condensada. Então um sorvete, um livro, um computador, uma camisa, uma cenoura, um carro, um avião, uma árvore, um tigre, um beija-flor, uma cachoeira, uma montanha, um ser humano... tudo o que conhecemos é formado pela luz. A semente de uma fruta ou de um cereal sob a Terra recebe as ondas de luz e reage. Nasce uma árvore que produz o fruto, que serve de alimento e, ao ser ingerido, vira energia para nosso corpo. Portanto, no plano físico, a luz é a origem de todas as matérias do universo.

Por isso, diz-se que luz é Deus manifestado e está em todos os lugares. Por essa mesma razão, o espírito de Deus, que é o Espírito Santo, é simbolizado pela luz. Além disso, a única coisa que conhecemos que não conseguimos contaminar é a luz. Por causa de sua alta vibração, ela não é alterada por nenhuma outra onda, pois todas as demais têm frequências inferiores à dela. Dessa forma, ela conserva-se sempre pura.

Nossa caminhada espiritual consiste em tornar nossa existência humana tão pura e luminosa como a essência divina. Quanto maior a consciência divina, maior a luminosidade de nosso ser.

A ILUMINAÇÃO ESPIRITUAL

Nenhum homem iluminado espiritualmente se orgulha de sua espiritualidade, mas agradece humildemente a Deus por essa dádiva, porque sabe que não foi ele que produziu esse efeito, e, sim, a graça de Deus. E aquele que consegue a iluminação, poderá ser veículo de milagres, desde que possa perceber que não é ele quem os faz e, sim, o Criador.

> Quando o homem ultrapassar a fronteira interna da experiência com Deus, estará imunizado contra as enfermidades do mundo profano e doente, como inveja, luxúria, egoísmo, cobiça, impaciência, preguiça, ganância. Além disso, o ser humano desenvolvido espiritualmente, aquele que vive segundo os ensinamentos do Divino Mestre, não vive mais correndo, incessantemente, dia e noite, atrás de coisas materiais. Ele estará como a luz, livre de toda a contaminação.

"E todas as outras coisas vos serão dadas em acréscimo." – Jesus

A matemática de Jesus

"Eu e o Pai somos um." – Jesus

Quando observamos com mais cuidado, percebemos que a matemática de Jesus é diferente daquela da lei Mosaica praticada antes dele, que era a lei do "olho por olho, dente por dente". Na lei dos homens, uma atitude de violência se combatia com outra atitude violenta. A consequência dessa lógica fazia a frequência energética do planeta ficar cada vez mais baixa.

Para entender a matemática de Jesus, é preciso acessar outra dimensão que não aquela dos cinco sentidos. O Nazareno afirma que se alguém fizer uma ação negativa contra uma outra pessoa, esta só será neutralizada com uma ação positiva, ou seja, o mal (negativo) só será neutralizado com um bem (positivo). Sendo essa a única maneira de melhorar a aura do planeta.

> "
> Um único homem que tenha chegado à plenitude do amor neutraliza o ódio de milhões."
> **Mahatma Gandhi**

O positivo neutraliza o negativo, e o resultado será zero. Assim, se eu cometer dois atos positivos contra um negativo, deixarei um saldo positivo para a "aura" do nosso querido planeta Terra.

Para conseguir praticar a matemática do Nazareno, baseada na não violência, o caminho é passar por uma profunda experiência espiritual e não se identificar mais com seu ego físico-mental-emocional. Essa matemática espiritual é a base dos grandes mestres espirituais.

O EU crístico espiritualizado não leva em conta injúrias, ofensas, desprezos, direitos, porque é imune a tudo isso. Ele ultrapassa a misteriosa fronteira que separa o pequeno mundo do ego e o imenso universo do EU. Para ele, isso é normal, enquanto, para o homem comum, seria um ato heroico.

> "Se você se limitar ao sofrimento, deixará de vivenciar o paraíso."
>
> **Buda**

Quando alguém consegue trazer a consciência crística para dentro de si, toda a sua vida se transforma e se ilumina. A partir daí, essa pessoa começa a viver o céu aqui na Terra, e o inferno deixa de existir. Nada mais o entristece, ele está definitivamente livre.

As pessoas de espírito elevado são mansas e de coração humilde – e até parecem mais fracas, parece que sempre são derrotadas pelas pessoas que se acham mais astutas, mais espertas, mais inteligentes, mais fortes. Porém, elas são sempre vitoriosas.

Ao longo dos tempos, podemos ver que nenhum "forte" ditador, impostor, que com seus exércitos quis conquistar a Terra, como Alexandre, o Grande, Napoleão Bonaparte, Júlio César, Hitler, Mussolini, teve sucesso. Isso porque todos usaram a força como seu principal trunfo. Ninguém conquista algo ou alguém amarrando, matando, coagindo, colocando atrás das grades. A conquista precisa ser bilateral, com amor e com o coração, como fizeram Jesus de Nazaré, Mahatma Gandhi, Francisco de Assis, Madre Teresa de Calcutá, Buda, Lao-Tsé. Esses, sim, deixaram um legado de amor para toda a história, reverberando por séculos e milênios. Conquistas feitas com mansidão e não com violência, com amor e não com ódio.

> Se o homem entendesse que a força da alma é muito superior à força bruta, ele saberia do poder que tem contra as forças do mal.

A LEI UNIVERSAL "DAR E RECEBER"

"Não julgueis e não sereis julgados."
"Não condeneis para não serdes condenados."

Frases como essas se referem à lei da atração, sobre a qual Jesus já se referia dois milênios atrás. Com elas, o Mestre estava nos ensinando a lei da causa e efeito. Se essa lei fosse compreendida e praticada pelos humanos, não teríamos o mal na Terra, porque já teríamos compreendido que fazer o mal ao próximo é fazer mal a si mesmo.

A lei cósmica é pura harmonia e ordem. Ninguém consegue desorganizar ou desarmonizar as leis universais, porque o universo só se desenvolve de um único jeito, em ordem e harmonia. E, com ela, não há exceção: toda ação tem uma reação equivalente. Pode demorar, mas volta, pode confiar!

Portanto, não queira ser irreverente, não queira causar desarmonia ou abalar as leis universais. Se causarmos um mal com uma má ação, receberemos a reação cedo ou tarde. Se não tivermos o espírito

> desenvolvido, nem perceberemos ou compreenderemos o porquê de estarmos sofrendo essa reação.
> Se todos nós tivéssemos sabedoria e espírito desenvolvido para compreender essa lei universal, não haveria pecado nem maldade na Terra. Os maus cometem maldades por serem ignorantes. Aquele que conhece a ordem cósmica não comete atos de loucura para destruí-la com seus atos por saber que isso é impossível.

O ser humano, quando se desenvolve espiritualmente, não procura levar vantagem contra a ordem das leis universais, nem contra ninguém.

Quando amadurecemos espiritualmente é que percebemos o que o Divino Mestre quis dizer com a frase: "Quem dentre vós quiser ser grande, seja o vosso servo" (Mt 20-26).

Ser um servidor

De forma geral, o homem quer mais é ser servido. Essa necessidade é como uma doença que, quando tratada com os "medicamentos" adequados, pode ser curada. Ao se sentir saudável, a pessoa passa a querer servir em vez de desejar ser servida e percebe que está preparada para realizar seu grande objetivo aqui na Terra.

A realização, a iluminação do ser humano, só se dá quando ele percebe que deve ser um servidor. Segundo Jesus, a vida que fará o homem feliz é aquela totalmente dedicada ao outro. Em um exemplo extremo, uma pessoa que se permite gastar tudo o que tem em um único cheque para salvar a vida de alguém que ama percebe que esse ato lhe concede uma felicidade tão intensa e profunda que nenhum cargo de soberania e poder lhe daria. Ela vivencia a grandeza do SER em contraste com a pequenez do TER.

Quando nos conscientizarmos em obedecer a autoridade cósmica, seremos agraciados com uma paz tão profunda e inebriante que se sobrepõe a qualquer poder soberano de homem comum.

Quando somos penetrados pela consciência de querer servir, sentimos o pleno fascínio de poder e dignidade.

Para o homem atual, comum, que corre a vida toda com o objetivo de procriar, sustentar, dar segurança, conforto e servir só a sua prole, considerando seus pequenos príncipes e princesas superiores aos filhos dos outros, é difícil compreender essa sabedoria tão estranha.

Se o ser humano se propuser a destinar parte de seu precioso tempo às práticas de meditação, contemplação, oração, silêncio e se doar ao próximo, ultrapassará essa fronteira dentro de si e entrará em uma nova vida. Deixará a carapuça do homem velho e acessará uma existência tão nobre e abundante que, ao olhar para trás, enxergará atos e práticas da vida anterior e verá o quanto eram pobres, medíocres, ignorantes e lhe conduziam à infelicidade.

Só depois de transpor a fronteira espiritual, compreenderá a verdade oculta nas palavras de Jesus: "Quem dentre vós quiser ser grande, seja servidor de todos".

CAPÍTULO 6
A MELHOR AULA DE ESPIRITUALIDADE

> "Se perdêssemos todos os livros sacros da humanidade e salvássemos só o *Sermão da Montanha* de Jesus Cristo, nada estaria perdido."
>
> **Mahatma Gandhi**

Ao analisar os grandes mestres, fiquei muito curioso em saber o que Jesus de Nazaré fez para mudar tanto a humanidade. Por que esse homem foi tão importante a ponto de seu nascimento dividir o calendário em antes e depois de sua passagem pela Terra? O que há de tão importante em seus ensinamentos? Por que para a maioria dos cristãos ele é o próprio Deus? Estudei sua história e constatei que, tanto nos evangelhos, que são coração do Novo Testamento da Bíblia, como em muitos livros de estudiosos renomados, o que Jesus falou e fez foi o que teve o maior impacto já visto na humanidade. Suas mensagens foram as mais contundentes que o ser humano ouviu até hoje. Depois de dois mil anos, ainda não conseguimos colocá-las em prática por causa de nossa humanidade, porque elas estão baseadas no espírito e não na matéria.

Jesus nos ensinou que a vida que de fato vale a pena é aquela assumidamente dedicada ao outro. Como disse o filósofo Clóvis de Barros Filho, isto é absolutamente incrível, sobretudo para nós, acostumados a ouvir que o sucesso de nossa vida tem a ver com o nosso próprio ganho, com nossa própria riqueza, com nosso próprio conforto, com o nosso próprio poder. Em outras palavras, ele nos diz que o filé mignon da vida, aquilo que lhe fará realmente feliz, é fazer o outro viver melhor do que viveria se não fosse você, é sentir-se satisfeito com o sorriso no rosto do outro. Esse é o caminho para você bater a maior meta de sua vida: fazer o outro se sentir feliz.

Ao pensar nisso, é comum coçarmos a cabeça e dizermos: "Espere aí, eu não entendi!". De fato, continuará não entendendo quem não desenvolver sua espiritualidade. Afinal, como Jesus mesmo disse, o Reino Dele não é deste mundo material.

O melhor de tudo é que Jesus não apenas pregava. Ele dava o exemplo com sua vida. Até sua chegada, o mundo vivia segundo a lei do olho por olho, dente por dente. Um mal era pago com outro mal. Com um adversário, não havia trégua. Homens se digladiavam e se matavam pelo poder. Naquela época, como hoje, o mundo vivia em constantes guerras. O mais incrível é que Jesus não falava da boca para fora, como estamos acostumados a ver em muitos dos homens públicos dos tempos atuais, que prometem muito e não cumprem o que dizem. O Galileu fazia e dava exemplos com seus atos. Essa era a tônica do Divino Mestre. Seus ensinamentos, se vivenciados, são o que de mais importante a humanidade tem em mãos para conquistar uma vida boa, equilibrada e feliz.

O caminho da plenitude espiritual passa necessariamente pelo crivo e pelos ensinamentos do Divino Mestre em seu *Sermão da Montanha*, que é uma espécie de "Carta Constituinte", "Plataforma do Reino de Deus", que contém todos os ensinamentos, os hábitos e os comportamentos que serão compreendidos por aqueles que já despertaram para a realidade do seu Eu espiritual. Sem dúvida, é a melhor aula de espiritualidade proferida até hoje para a humanidade. É o marco divisório entre o Novo e o Velho Testamento, entre a lei antiga e a nova proposta por Jesus.

Pode ser que não concordemos com o que Jesus nos propõe no *Sermão da Montanha*, porque pensamos como seres comuns – e o Nazareno transcendeu em tudo que disse. Isso quer dizer que precisamos melhorar nossa vibração espiritual, sair dos padrões dos cinco sentidos para entendê-lo. Para entender tão elevada sabedoria, o homem precisa ultrapassar os limites do intelecto e abrir o compartimento da alma para a experiência intuitiva.

A seguir, resumo as oito bem-aventuranças do *Sermão da Montanha*.

PRIMEIRA BEM-AVENTURANÇA: "Felizes os que têm um coração de pobre, porque deles é o Reino de Deus"[1]

Felizes são aqueles que, até então, o mundo proclamava infelizes, ou seja, os pobres, os puros, os mansos, os perseguidos, os injustiçados.

Você compreende essa ideia quando desperta para a realidade de seu Eu espiritual. Afinal, ainda vivemos em um mundo onde o egoísmo e a ganância são os principais males. Por isso, é tão difícil fazer o bem a quem nos fez mal, amar quem nos odeia, dar uma blusa a quem nos roubou a capa, aceitar mais uma injustiça em vez de revidar.

Quando Jesus nos diz: "Felizes os que têm um espírito humilde", ele está querendo ensinar que humildade cabe em qualquer lugar sempre, que nada adianta ter doutorado e não cumprimentar o porteiro. Jesus nos diz aqui que o desapego é o caminho da liberdade. A prática diária do desapego às coisas materiais, supérfluas, é difícil, ainda mais em um mundo em que o consumismo é incentivado diariamente pela mídia.

As lições do desapego abrem os trilhos da liberdade, mas estamos sempre resistindo a elas. É difícil

---

[1] Existem Bíblias que dizem "pobres de espírito", e está incorreto. O correto é "pobre em espírito", ou seja, de espírito humilde.

darmos esse salto mortal que nos liberta para a verdade autêntica, para alegria, para a paz de espírito. As lições se repetem diariamente, mas não conseguimos soltar as amarras que nos prendem aos bens materiais. Queimamos as mãos na corda que seguramos e não conseguimos soltá-las.

À medida que vamos desenvolvendo nossa espiritualidade, soltamos devagar as amarras. Essa liberação da escravidão material só se dará após uma grande experiência espiritual e uma iluminação interna. Só abandonamos algo que julgamos valioso após encontrarmos algo mais valioso. Quem ainda não encontrou o tesouro do Reino dos Céus não abandonará os falsos tesouros dos bens terrenos. Trata-se de uma libertação interna.

Um rico pode possuir milhões em dinheiro e não ser escravo deles. E o pobre pode viver escravizado pelo desejo de possuir bens materiais. Virtude é saber ser rico ou pobre. Pecado é não saber ser rico ou pobre.

> "
> Ninguém pode servir a dois senhores."
> Jesus

Nosso ego humano é muito fraco e precisa ser escorado por bens materiais para se sentir um pouco mais forte e seguro. Porém, nosso Eu Divino é tão forte que pode dispensar as muletas e sentir-se perfeitamente seguro pela força interna do espírito. Para encerrar os comentários desta primeira bem-aventurança, transcrevemos a célebre frase do Nazareno:

> "Todo aquele que bebe desta água terá sede de novo, mas aquele que beber da água que eu lhe der, nunca mais terá sede, porque a água que darei se tornará nele uma fonte de água jorrando para a vida eterna."
> **João 4:5-14**

O mestre quis dizer que quem bebe e se alimenta das informações e dos hábitos que o mundo está oferecendo tem a falsa ideia de que se sacia. Essa saciedade é temporária. Logo terá desejos novamente. Consumirá mais e mais. É como se bebesse água do mar, nunca se saciará. Mas quem beber da fonte da espiritualidade estará saciado e não terá mais sede desses "tesouros" materiais. Será satisfeito com a vida.

> "A vida lhe nega bens e grandeza até que pare de querer bens e grandeza e comece a servir."
> **Bert Hellinger**

SEGUNDA BEM-AVENTURANÇA:
"Felizes os puros de coração, porque verão a Deus"

Na primeira bem-aventurança, "pobres em espírito", ele se refere àquele que se libertou interiormente de todo apego à matéria. Na segunda bem-aventurança, o Nazareno nos coloca em uma situação mais difícil ainda. "Puro de coração" é aquele que se libertou não só da matéria, mas também de seu EU, de seu ego.

Impossível perceber o Deus de fora antes de ter um coração puro para sentir o Deus de dentro. Entre o Deus-Amor e o homem comum se ergue uma barreira que intercepta a luz divina. A impureza de coração é uma estreita barreira do ego pessoal, que tapa os olhos, que é o que nos separa de Deus.

O desapego dos bens materiais é fácil, porque eles não estão ligados ao homem. Não fazem parte dele. Ao passo que desapegar de seu próprio EU, que é sua própria parte, é muito mais difícil. Parece ser a morte para o homem que ainda não descobriu seu eterno EU. A coragem de arriscar ou não esse salto mortal do ego humano para o Eu Divino é que divide a humanidade em espiritualizados e não espiritualizados. É necessário que o homem passe por isso para se sentir livre.

O despertar para essa nova vida que existe dormente em cada um de nós requer exercícios intensos, assíduos e prolongados em querer servir e doar-se altruisticamente. O homem precisa superar barreiras já estabelecidas há séculos, há milênios.

É necessário exercitar-se diariamente, com disciplina, para tornar possível esse contato consciente com o grande mundo desconhecido. Com a prática diária, essa barreira invisível que existe entre nós e Deus será cada vez mais transparente, permitindo-nos a visão da grande luz.

> "
> Se um dia houver um pacto entre as religiões da Terra, sem dúvida ele será baseado no Sermão da Montanha de Jesus."
> Mahatma Gandhi

TERCEIRA BEM-AVENTURANÇA: "Bem-aventurados os mansos, porque herdarão a Terra"

Aquele que não atinge a consciência espiritual recorre à violência para conseguir seus objetivos. O homem intelectualizado descobriu uma violência muito mais eficiente: a violência mental – pela astúcia, pela esperteza, pela política, pela diplomacia, pela exploração. Ele está sempre levando alguma "vantagem" sobre o próximo e sobre o planeta, ou seja, sobre todos.

Quando o homem descobre em si as potências divinas, ele desiste definitivamente de toda a espécie de violência física e mental.

O homem materializado não consegue enxergar que tudo o que possui não é decisivo para sua verdadeira realização e felicidade. Não há motivo para o homem manso de coração recorrer à fraqueza da violência bruta, pois ele possui a força suave do espírito.

Onde estão as conquistas sangrentas dos violentos ditadores que passaram por esta Terra, como Júlio César, Napoleão, Mussolini e Hitler? As conquistas feitas pela suavidade do espírito, da mansidão do amor, como as de Jesus, Maria, Francisco de Assis, Lao-Tsé, Buda, Gandhi, Madre Teresa, Teresa de Ávila, Santa Teresinha, São Cristóvão e muitos outros, continuam em milhões de almas humanas.

Os poucos mansos que existiram e que existem são mais possuidores da Terra do que os numerosos violentos, tiranos e ditadores.

Esse ensinamento de Jesus, de que os mansos possuirão a Terra, parece tão estranho que merecemos investigar o conceito de possuir. Os violentos podem conquistar a Terra, usando a força de guerras e armas, mas eles nunca possuirão a Terra e, muito menos, os homens.

O sentido de "possuidor" não é físico, material, mas relativo à atitude espiritual. O homem matéria pensa que possui algo ou alguém quando o tem nas mãos ou atrás das grades, mas o espiritualizado sabe que "possuir" supõe uma atitude bilateral, há uma entrega mútua. Ninguém pode possuir algo ou alguém enquanto esse algo ou alguém não concordar em ser possuído.

Amar incondicionalmente é o caminho mais curto e mais rápido para a compreensão do universo espiritual.

> "
> Se adotarmos a política do dente por dente, olho por olho, terminaremos todos cegos."
> Mahatma Gandhi

QUARTA BEM-AVENTURANÇA: "Felizes os misericordiosos, porque alcançarão misericórdia"

Misericordiosos são aqueles que se compadecem com os míseros, os fracos, os doentes, os ignorantes, enfim, os necessitados de corpo, mente e alma, e de alguma forma procuram ajudá-los.

O homem espiritualizado sabe que existe uma lei cósmica que diz que quanto mais se doa altruisticamente na horizontal, mais ele recebe de Deus na vertical. Ele sabe também que recebe misericórdia não daquele que o beneficiou, mas de Deus. O misericordioso espiritualizado não espera recompensas ou pagamentos pelos benefícios prestados ao próximo ou à humanidade, não espera nem gratidão dos beneficiados, porque sabe que tudo que é espiritual e divino é gratuito.

O homem crístico sabe que não basta somente fazer o bem, mas também ser bom. Não basta apenas dar algo, é preciso doar-se.

> "
> Não importa o que e quanto você dá, e, sim, o amor que você põe na dádiva."
> Madre Teresa de Calcutá

QUINTA BEM-AVENTURANÇA: "Felizes os que têm fome e sede de justiça, porque serão saciados!"

Antes de tudo, convém esclarecer que a palavra justiça, quando lida na sagrada escritura, não se refere à justiça jurídica dos homens, mas, sim, à atitude justa e reta que o homem deve ter diante de Deus.

O que Jesus quis dizer foi que serão felizes os homens que têm sede e fome dessa experiência íntima com Deus. Os que estão na caminhada espiritual sabem que manter essa atitude reta perante a Deus não é fácil. Além disso, têm consciência de que ainda precisam percorrer uma longa estrada, mas com a certeza de que o destino é glorioso.

O buscador sente uma força interna, um magnetismo que o impulsiona rumo ao sagrado. E sente um fastio da vida comum, um certo cansaço deste mundo ruidoso que comumente não lhe oferece provas de atitudes justas e retas da maioria dos homens – principalmente os da vida pública.

Os homens que estão correndo atrás de tesouros terrenos não estão preparados e maduros para passar fome e sede em um mundo invisível, porque ainda não estão saciados do mundo do qual ainda têm fome. Continuam bebendo dessa água poluída, vivem intoxicados e voltarão a ter sede sempre. Não perceberam que a saciedade só vem com a maturidade espiritual.

O Divino Mestre proclama: felizes os que sofrem essa fome e sede da experiência de Deus, porque eles serão saciados. É certo que, um dia, essa nostalgia será satisfeita, porque a natureza não engana seus filhos. Se existem terras tropicais para onde as aves migratórias já são automaticamente induzidas a se dirigirem no inverno, não pode deixar de existir aquele mundo que nos conduz a Deus, que os espiritualizados anseiam e sentem nas profundezas da alma.

Não há luz vermelha
nos caminhos de Deus.

SEXTA BEM-AVENTURANÇA:
"Felizes os pacíficos, porque serão chamados filhos de Deus"

Jesus diz que devemos estabelecer a paz dentro de nós para depois fazer a paz diante de qualquer situação. Pacificador não é aquele que estabelece a paz entre pessoas ou grupos que estão em discórdia, mas sim aquele em que a paz já está estabilizada dentro de si.

    A discórdia mais difícil de vencer é aquela que travamos dentro de nós mesmos. Caso não houvesse conflito interior, não haveria conflitos nas famílias, nas comunidades, na sociedade, entre países, entre os povos. Todo conflito externo tem raízes em conflitos internos não pacificados. Por essa razão, não tem sentido querer abolir as discórdias de fora sem resolver as de dentro. Enquanto não houver indivíduo unido, não haverá família unida, sociedade unida, comunidade unida, nações unidas.

    A paz pura e verdadeira é uma graça divina, uma dádiva de Deus, um tesouro que só os que sintonizam a frequência divina conseguem conquistá-la. Se quiseres viver na paz, procure-a primeiro dentro de si.

SÉTIMA BEM-AVENTURANÇA:
"Felizes os que choram, porque serão consolados"

Nos dias de hoje, vejamos como ainda incomoda esta colocação do Galileu: "felizes os que choram". Mas o que isso significa para os tristes?

Enquanto o homem comum não encontrar a bela tristeza da vida espiritual, ele precisa se iludir com a fome e a sede da felicidade que as falsas alegrias do mundo material lhe proporcionam. Devemos sempre lembrar que as falsas alegrias têm o efeito da água do mar: quanto mais ele bebe, mais sede sente.

Por isso ninguém que se desenvolveu espiritualmente trocaria sua silenciosa felicidade pelas ruidosas alegrias dos não espiritualizados. Como descreveu o ilustre professor, filósofo e escritor Huberto Rohden:

> Os milionários da felicidade são quase sempre os grandes anônimos da história, os "não existentes". Geralmente, os homens mais felizes são ignorados pela humanidade que aparece em jornais e televisão e se dizem salvadores da humanidade.

O grande exército dos espiritualizados não aparece em listas de e-mails, no Instagram, no Facebook ou nos cadastramentos estatísticos. São os benfeitores do mundo, são os irmãos da "fraternidade branca" que prestam serviços onde ninguém percebe sua presença. A grande maioria dos homens públicos barulhentos que se servem de suas obras não faz parte dessa lista nobre.

Esses heróis da humanidade são tão realizados no cumprimento de suas missões que não necessitam de aplausos pelo que fazem. Normalmente saem antes, desaparecem atrás das cortinas porque são indiferentes a cumprimentos e tapinhas nas costas. Preferem o mundo silencioso invisível ao mundo ruidoso visível.

> Bem-aventurados os tristes,
> porque eles serão consolados.

OITAVA BEM-AVENTURANÇA: "Felizes os que são perseguidos por causa da justiça, porque deles é o reino dos céus!"

Lembrando mais uma vez que a palavra justiça, na linguagem bíblica, significa a atitude justa e reta do homem com Deus. Como sempre, o Nazareno transcende no que diz. Mas, como pode alguém sofrer perseguição porque tem uma atitude justa e reta perante Deus? O próprio Jesus disse: "Por causa de meu nome, sereis odiados de todos".

As perseguições e as traições acontecem dentro das entidades, das comunidades, inclusive nas igrejas. No caso das comunidades, das associações, é muito comum alguém se sentir diminuído pelo grau de desenvolvimento pessoal, espiritual, cultural do outro e tender a difamá-lo com calúnias gerando grandes traumas e inimizades.

Um homem justo incomoda outro homem menos justo. A simples presença de um homem mais justo e reto perante outros gera um incômodo nos demais por não compactuar com suas práticas e seus hábitos. Caso este não se corrompa ele estará fora da roda, será marginalizado.

Só o fato de estar presente, um homem espiritualizado diz silenciosamente aos outros de uma comunidade; vocês deveriam ser como eu, mas não são. É lógico que nenhum homem espiritual diria isso, mas os não espiritualizados vão entender assim e começarão ingratamente a censurá-lo por sentirem-se inferiorizados.

Normalmente o homem pouco espiritualizado sente-se confortável com a presença de outros do mesmo nível, não precisa sair de sua zona de conforto e fazer esforço para subir na escala espiritual.

O homem espiritualizado não participa de atitudes e comportamentos como fofocas e disputas deste mundo ruidoso emocionalmente. Costuma não beber na fonte deste mundo da matéria, incomodando assim os que estão acostumados a fazer uso das práticas do mundo material. Eles tratam todos igualmente, sem distinção de poder, grau de instrução, cor ou etnia. Por isso, muitas vezes são perseguidos, marginalizados ou afastados de seus meios, porque o mundo material não pensa assim.

Um homem bom, espiritualizado, sempre terá como seus seguidores os menos espirituais e humildes, e como adversários, os orgulhosos e insinceros.

Incomoda um impuro ter a seu lado um homem puro. O homem justo é perseguido pelos homens menos espiritualizados, bem como pelas cúpulas das sociedades organizadas que precisam das massas para sobreviverem.

"Se a mim me perseguiram, também hão de perseguir a vós." — Jesus

> "
> Temos de ter consciência que não podemos viver de acordo com os padrões de vida humana e ao mesmo tempo colher os frutos da vida espiritual."

CAPÍTULO 7

MATURIDADE

ESPIRITUAL

> "A vida lhe nega milagres, até que entenda que tudo é um milagre."
>
> **Bert Hellinger**

O sujeito que se desenvolveu espiritualmente é aquele cujo desejo expandiu tanto que só será satisfeito se "encontrar" com Deus frente a frente. Esse sentimento não é muito diferente daquele quando se sonha apenas com as coisas materiais, como carro, casa, apartamento, fama, sucesso etc. Essas coisas, em determinado momento, eram as mais importantes; representavam a "face de Deus". À medida que o tempo passa e nos desenvolvemos espiritualmente, os desejos mudam de maneira que nós nos aproximamos de nossa verdadeira meta, do espírito puro, da face de Deus.

Cada etapa é divina.

Ao ler este livro, você pode perceber que, sem desenvolver seu espírito, não conseguirá ter uma vida plena, com propósito e com verdadeira paz. Para alguns, poderá ser só um caminho suave rumo à plenitude. Se o desejo de evoluir espiritualmente bater em sua porta, não há quem conseguirá interceptar, nem trazer você de volta. Portanto, é preciso atender ao chamado, compreender seus sinais e encará-lo. A vida após esse processo é irreversível, incomparável e não há mais como olhar para trás.

Sem dúvida o método mais simples é basear-se nos grandes filósofos, pensadores, líderes e mestres espirituais que foram exemplos para o mundo na prática do bem, da compaixão, do amor, da paz de espírito.

Se você nunca se preocupou em dedicar pelo menos 2% de seu tempo (cerca de 30 minutos por dia) a seu espírito, considere fazê-lo para o seu próprio bem. Comece lendo as indicações de minhas referências e ouvindo palestras sobre ciência e espiritualidade. A Nova Acrópole disponibiliza em seu *site* muitas palestras filosóficas que poderão enriquecer sua bagagem.

> Para conseguir vibrar nas frequências da razão, da boa vontade, do amor, da alegria, você precisa sintonizar sua antena e captar as frequências de ondas do universo. E para manter essa conexão com o espírito, é preciso disciplina e perseverança.

Para encarar esse desafio, é preciso estar disposto às práticas da meditação, da oração focada, do silêncio e doar-se altruisticamente. Com essas práticas, aos poucos, você elevará sua vibração espiritual e começará a ter *flashes* de sintonia com a grande estação emissora que é Deus.

Com a maturidade espiritual, você passa a cultivar a autenticidade de sua alma. Nós nos damos ao luxo de sermos um pouco mais genuínos, mais autênticos. Não precisamos envelhecer para perceber que a criança interior continua existindo, disposta a brincar. Não precisamos envelhecer para compreender que há muita alegria em fazer coisas simples.

Três grandes pensadores disseram:

"Conhece-te a ti mesmo."
Sócrates

"Sê sincero consigo mesmo."
Shakespeare

"Vire o foco de luz para dentro."
Gandhi

O caminho da verdade é o desprendimento. Passamos a aceitar com mais naturalidade as coisas como são. Damos de cara com a verdade. Nossa luz interior se acende. A genuinidade e a autenticidade desabrocham. Isso é viver o ponto crucial da vida. Um dos princípios do espiritualizado é a prática da não violência; consigo mesmo, com o próximo, com todos os seres vivos, seja ele um inseto, uma planta, um animal ou a natureza.

A prática da compaixão, do respeito e da ética com tudo e com todos fica mais viva e acentuada no dia a dia. Percebemos que há uma bondade inata, um desejo de ajudar, de alguma forma colaborar para um mundo melhor. A ciência já provou que a prática da compaixão e do altruísmo fazem bem à saúde física e mental. A natureza é essencialmente boa e generosa.

Deus não procura pessoas capacitadas, procura corações disponíveis.

EM QUE NÍVEL ESPIRITUAL UMA PESSOA ESTÁ?

Começamos a captar alguns sinais que, por vezes, não sabemos explicar. É difícil detectarmos pela aparência de uma pessoa o nível espiritual em que ela está. Não temos meios de avaliar e dar uma nota de 0 a 10. É como o amor. Não sabemos quantificar o quanto se ama alguém. A sociedade não distingue, não recompensa ou não penaliza quem é mais ou menos desenvolvido espiritualmente, e este, por sua vez, não está preocupado com o que pensam dele. Ele está em outro patamar, em outra dimensão, às vezes se isola um pouco da sociedade.

As pessoas iniciadas na espiritualidade têm algumas coisas em comum. Doam-se altruisticamente sem desejar nada em troca, nem mesmo gratidão. O distanciamento, a intuição e a fé são seus guias fidedignos para suas tomadas de decisão e escolha na vida. Substituem a vida racional porque vislumbram *insights* de um mundo que não vemos, aguçam a intuição, melhoram a autoconfiança, não necessitam de aprovação social. A meditação, a oração, a contemplação e o silêncio tornam-se hábitos cotidianos. Com o tempo, essas manifestações vão ficando normais na vida do espiritualizado e, aos poucos, vão se distanciando do mundo material e diminuindo sua importância.

Pessoas com alto nível espiritual vão se ligando mais à natureza, ficando mais serenas, sentindo mais paz, julgando menos, aceitando mais as outras pessoas como elas são. Isso porque o espírito é o principal, não é contrário a nada. Quando o espírito desabrocha, todos os questionamentos começam a ser respondidos, parece que todas as metas foram alcançadas. No plano divino todas as perguntas começam a ter respostas, inclusive, aquela que mais intrigava: "Onde está Deus?".

"As pessoas evoluídas espiritualmente, em consonância com sua disciplina, habilidade, equilíbrio, são extraordinariamente competentes, por isso são

chamadas para servir ao mundo e, por serem compreensivas, respondem ao chamado. Portanto, são inevitavelmente pessoas de grande poder, embora o mundo possa considerá-las bastante normais, porque na maioria das vezes exercem seu *poder* de maneiras silenciosas ou até mesmo ocultas."
— M. Scott Peck

CUIDADOS AO SE ELEVAR ESPIRITUALMENTE

"
Orai e vigiai."
Mateus, 26:41

Ao conseguir alçar o voo espiritual, é preciso se manter na humildade e não demonstrar sentimento de superioridade aos que ignoram o assunto. Mesmo não tendo iniciado o caminho da espiritualidade, muitos se consideram no melhor nível de consciência.

Outro sentimento que pode despertar é o de querer consertar o mundo. Percebemos astúcias, injustiças, malandragens, mentiras que são divulgadas no dia a dia e queremos que as pessoas acordem. É preciso cuidado para não criarmos um separatismo entre "nós *versus* eles" e despertar um processo de adversidades. É preciso mudar primeiro a nós mesmos e, com nossos hábitos e exemplos, mudaremos os outros.

Muitos iniciados que começam a enxergar o caminho para o sagrado ficam tão encantados com o mundo espiritual que se sentem desobrigados de cumprir suas atribuições do mundo material, causando assim problemas em vez de soluções. É bom sempre ter em mente que precisamos manter a humildade e reconhecer que a vida cotidiana deste mundo é o lugar ideal para evoluir espiritualmente.

O poder espiritual

O poder espiritual é a ausência de poder. Não é o poder que o mundo está acostumado, pois não é físico nem mental, não é manipulável pelo homem.

Deus nunca será usável. O poder espiritual é um estado de consciência que não permite duas forças, podendo ser uma contra a outra, ou seja, não dá para usar o poder espiritual para prejudicar ninguém. Só Deus pode acionar o poder espiritual.

Portanto, o não poder, ou o poder de Deus, é que faz o trabalho. Quando nosso espírito estiver preparado, entenderemos o que disse Jesus!

"Não vos preocupeis com o que for comer, nem com o que for vestir", porque ele já sabia naquela época que o homem procurava um Deus que lhe desse roupa, comida, abrigo etc. e, dois mil anos depois, o homem ainda procura por um Deus que lhe dê coisas. Quando pararmos de pedir coisas para Deus, receberemos o melhor de todos os presentes, o próprio Deus. Receberemos Deus na consciência, nas entranhas da alma, no nosso santuário interior, ou seja, dentro de nós mesmos. O relato dos grandes mestres nos diz que, após uma longa caminhada, a grande lição que fica é que encontraremos a paz tão sonhada, a iluminação, ou seja, o próprio Deus em nós.

Nas palavras de um iluminado, o apóstolo Paulo: "Não sou mais eu que vivo, é Cristo que vive em mim".

Não precisamos pedir nada para Deus. Precisamos, sim, entrar em silêncio, em um estado de consciência no qual Ele irá se manifestar e suprir abundantemente de tudo que precisamos.

> **A graça de Deus nos é concedida quando temos a real percepção Dele. As limitações, as dores e as perdas desaparecem. Nunca nos satisfazemos na busca de coisas, porque as necessidades e os desejos humanos não têm fim.**

Sempre que precisamos de algo, nossa reação deveria ser: "nem só de pão vive o homem, mas do espírito do Criador". Devemos abandonar a ideia de que *mais* é melhor e perceber que vivemos mais pelas coisas invisíveis do que pelas visíveis, e notar então que o infinito invisível produzirá em nossas vidas circunstâncias, fatos, condições, pessoas e coisas de que necessitamos.

Não conhecemos o *modus operandi* de Deus, mas, na caminhada espiritual infinita, podemos dizer que Deus opera no silêncio, quando o pensamento se aquieta, quando a alma se acalma, quando nosso Eu se reduz tanto que acreditamos que "Eu de mim mesmo nada posso fazer" e, pacientemente então, esperamos que a "Glória de Deus" possa nos ser revelada.

CAPÍTULO 8

TENHA SEU ENCONTRO COM DEUS

> "Conheça-te a ti mesmo, para que te libertes do que te prendes, que sejas livre para sentir o amor incondicional do Criador."
>
> **Sócrates**

Chegou o tempo que não basta ser saudável, rico, ter "sucesso", chegou o tempo de ser espiritual, chegou a hora de melhorar o seu QE, o Quociente Espiritual.

Chegou o tempo de dar mais valor ao SER do que ao TER, de perceber que o Espírito de Deus habita em nós e que podemos reconhecer nossa herança de ser filhos de Deus, de perceber que o Reino de Deus está dentro de nós.

Penso que já pode ter ocorrido a muitos que deve existir algo mais, há algo mais do que perambular pelo mundo e sofrer ou gozar a vida. Os mestres dizem que tem sim: tem a vida, a vida eterna.

**A vida que Deus nos deu
não tem túmulos, enfermidades,
pecado, pobreza, guerra,
ódio, inimizades, inveja
ou carência.**

Precisamos perceber que a vida é muito mais que a dos cinco sentidos do mundo material, que ela é mais do que nossos olhos podem ver e os ouvidos podem ouvir.

Reconheçamos que Deus é onipotente, onisciente e onipresente. Ele é infinito amor!

Em vez de pedirmos a Deus em oração, é mais coerente ficar em silêncio, para sentir a vibração suave e silenciosa do Criador em nossa vida. Cada pensamento nosso está criando nossa realidade. O pensamento cria, a imaginação potencializa, a vontade molda, a atitude se concretiza, e Deus valida.

Enriqueça seu mundo escolhendo o que fazer, leia um livro que fale da alma, pratique um esporte, visite um amigo, tenha um *hobby*, mas desprenda-se da mídia de massa.

Convença-se de que mais não é melhor e de que o problema nunca está naquilo que você não tem, mas no desejo de ter mais. Você pode aprender a ser feliz com o que tem, não priorizar o que quer. É o que já disse Aristóteles, discípulo de Platão, e mais recentemente o educador, filósofo e escritor Huberto Rohden.

Comece a se preparar para um "encontro" com Deus, acalme seu coração, silencie-o. Assim começará a se preparar para captar a frequência divina e sintonizará a grande estação emissora do Universo, "Deus". Silencie-se mental, emocional, espiritual e materialmente para perceber melhor o mundo, e você encontrará muito mais facilmente a paz tão desejada.

Deixe os raios de luz penetrarem nas fendas secretas que existem no seu interior e perceberá que Deus está ali, esperando você acordar desse profundo sono para acolhê-lo.

> ### TRÊS LIÇÕES QUE OS BUSCADORES APRENDEM
>
> Os buscadores do sentido da vida nunca se perdem, porque sempre que é preciso o espírito acenará para eles.
>
> Os buscadores recebem pistas continuamente do mundo espiritual. As pessoas comuns as chamam coincidências. Não existem coincidências para pessoas espiritualizadas.
>
> Os buscadores que desenvolveram seu espírito sabem que o mundo material não é lugar onde seus anseios podem ser realizados.

Cada acontecimento existe para expor outra camada da alma. Você precisa desenvolver o espírito para se preparar para "falar" com Deus, porque o mestre só aparece para o discípulo que está pronto – ou seja, para aquele que está com sua vibração elevada.

Para aceitar esse convite, você precisa elevar sua vibração, desarmar-se das defesas, ficar com a mente serena, cerrar os olhos, ficar em silêncio e diminuir os anseios, os desejos e os receios. Esqueça o tempo, os compromissos, entre em estado de relaxamento e prostre-se de mãos vazias, de corpo e alma, perante o Criador.

As pistas que caem do céu são mensagens do espírito, mas você precisa estar "ligado", com atenção plena, para captá-las. Sempre há uma pista disfarçada em cada coincidência, cabe a você interpretá-la. O maior desperdício de nossas vidas é não poder entender essa "língua" e não perceber a ação do espírito.

> Deus não fala uma língua,
> Ele vibra uma frequência.
> Deus está em toda parte,
> mas só os espiritualizados
> o percebem.

Se o anseio do desenvolvimento espiritual bater em sua porta, você saberá que esse desejo tem nome, você pode chamá-lo Deus, Ser Divino, Cosmos, Espírito Santo, Criador ou o nome que achar melhor. Quando isso acontecer, você verá que o mundo parece não estar limitado pelo espaço e pelo tempo.

A aparência dessas limitações acontece porque o mundo é um acampamento, um treinamento, cuja regra básica é que você poderá vê-lo como vê a si mesmo e que nosso compromisso aqui é nos desenvolver rumo à maturidade espiritual, aprender a amar. Quando isso acontecer, você terá as respostas para aquelas perguntas que mais lhe incomodam hoje.

O meu desejo é que você trilhe este caminho e que seja tão útil como tem sido para muitos. Que sirva para você se conhecer melhor e assim despertar seus sentimentos, livrar-se do egoísmo, da ganância, inveja e impaciência. Até que você entenda os porquês de sua vida – do passado, do presente e do futuro.

Espero que compreenda o mundo, o seu próximo e que chegue realmente a gostar dele e perceber que ele é necessário em sua vida.

Vivendo na espiritualidade

É comum nós nos referirmos aos melhores exemplos da lista de piedosos e mansos que já passaram pela Terra e deixaram um legado de amor e generosidade e que transformaram nossas vidas para melhor. Mas há muitas pessoas que conhecemos que, em menor escala, fazem bem para o todo, vibram no amor, ajudam-nos a abrir a alma e o espírito e melhoram nossa capacidade de exercitar a compaixão, o amor e a bondade em tudo que fazemos. Seja uma delas.

Você está com a maçaneta da porta da liberdade nas mãos para abri-la. Pode girá-la ou ficar acomodado, achando que está tudo bem. O que não deve é olhar para trás e se arrepender de não ter buscado uma vida melhor.

Eu me sinto como alguém que achou um tesouro e quer compartilhar com todos que puder.

O Divino Mestre já disse há 2.000 anos:

"Quem tem ouvidos, ouça."
Mateus 11:15

"Tendo olhos não vedes?
E tendo ouvidos não ouvis?"
Marcos 8:18

"Se alguém tem ouvido
para ouvir, que ouça."
Marcos 4:23

Só os discípulos que estão prontos escutam, entendem as palavras do mestre. Espero que, com a simples leitura deste livro, algumas pessoas se despertem para dar início a essa nova vida.

Você pode gastar sua vida desejando mais, perseguindo a felicidade, ou simplesmente optar por desejar menos, o que é infinitamente mais fácil e gratificante. Afinal, rico é aquele que menos precisa. Há pessoas tão pobres que só possuem dinheiro.

> Aquele que não sabe
> se sentir satisfeito,
> mesmo que seja rico, é pobre.
> Aquele que sabe se sentir
> satisfeito, mesmo que
> pobre, é rico.

Não fique aí parado, faça como muitos já fizeram. Mergulhe em águas mais profundas, use os obstáculos que a vida lhe apresenta e tire deles um ensinamento interior, uma oportunidade que a vida pode estar lhe proporcionando para que dê os primeiros passos para sua caminhada rumo ao bem maior.

Neste caminho, você terá a oportunidade de se saciar pelo espírito e não com o excesso de informações do mundo de hoje com pouco conteúdo, o que está, no mínimo, nos conduzindo para um caminho errado.

Das águas que o mundo está nos dando, quanto mais bebermos, mais sede teremos, é como se bebêssemos água do mar.

Enquanto não nos estasiarmos dessas coisas do mundo, de nosso ego, de bens materiais, do supérfluo, do luxo, da necessidade de ter mais, não estaremos preparados para o mundo do Sagrado, temos receio da ética e da verdade.

> Quanto maior é o ser
> de uma pessoa, menor é
> o seu desejo de ter.

Luxo e luxúria são considerados lixos tóxicos para uma vida plena. O desejo de ter mais nos tira a paz, segundo os grandes mestres.

Chegou a hora de ser mais espiritual e menos material. O mundo não precisa mais de gente competente, que cumpre metas, tem mais participação no mercado, ou de CEOs focados na matéria. Precisa de gente mais humilde, gente que puxa uma cadeira e não o tapete, gente que se propõe a desenvolver o espírito, que busca a frequência do amor em prol de um mundo melhor.

> **Um só homem que atinja a maturidade espiritual arrasta milhões ao caminho da verdade e do amor."**
> **Mahatma Gandhi**

MENSAGEM FINAL

> Quando o homem colocar Deus em primeiro lugar em sua vida, todas as outras coisas entrarão no devido lugar."

Santo Inácio de Loyola

Meu objetivo com este livro é apoiar você no processo de autoconhecimento, na conexão com o Criador e consigo mesmo, para que possa conseguir explorar seu potencial espiritual e obter uma vida plena como indivíduo. Sentir-se mais confiante e desenvolver ainda mais o amor-próprio. Certamente, não é minha pretensão encerrar um assunto tão vasto como este somente com este livro, mas a proposta é fazer reflexões e trazer técnicas que vão contribuir para o caminho do autoconhecimento. É claro que todo caminho de desenvolvimento é uma jornada a ser percorrida, e ele pode ser mais rápido ou demorado dependendo de nossas crenças, de como fomos criados, de nossas próprias cobranças e de outros fatores. Este livro foi escrito com muita dedicação e amor, resultado de muito estudo e trabalho que começou lá atrás, em 2006, embasado nos grandes líderes espirituais e estudiosos do assunto.

Quando me propus a escrever esta obra, minha meta nunca foi ganhar dinheiro, porque já tinha um compromisso com o Criador de todo recurso, mesmo que modesto, ser direcionado a instituições de caridade. Minha meta é a melhor das metas segundo o Divino Mestre, ou seja, cooperar para um mundo melhor, gratificar as pessoas que fizerem a leitura, semear o bem para que algo seja suscitado dentro de você, de maneira que isso lhe impulsione a ser ainda melhor para o mundo, contribuindo com alguém, dando esperança, informando que há um mundo melhor a ser explorado por nós. Espero ter conseguido!

Deus o abençoe!

Namastê

BIBLIOGRAFIA SUGERIDA

Quando converso com as pessoas sobre o assunto espiritual, sinto a sede de muitos para acessar esse mundo desconhecido. Noto a vontade que muitos têm de incendiar a centelha divina que está no íntimo de sua alma, esperando por algo ou alguém que a incendeie. Muitas vezes, falta orientação. Aqui no Ocidente infelizmente temos uma escassez de mestres, de orientadores espirituais, portanto, o que nos resta é procurar sobre o tema espiritualidade em livros, palestras e afins.

Para aprender e praticar meditação, sugiro o aplicativo "Insight Timer".

Deixo aqui também a relação dos livros que me ajudaram na caminhada:

A essência da intuição. Coleção de Pensamentos. São Paulo: Martin Claret; 2002.

A essência da meditação. Coleção Pensamentos. São Paulo: Martin Claret; 1998.

A essência da sabedoria. Coleção Pensamentos. São Paulo: Martin Claret; 2002.

A essência da vida. Coleção Pensamentos. São Paulo: Martin Claret; 1997.

A essência de Deus. Coleção Pensamentos. São Paulo: Martin Claret; 1997.

A essência do silêncio. Coleção Pensamentos. São Paulo: Martin Claret; 2002.

AKHANDANANDA, Swami. *No coração do Himalaya.* Rio de Janeiro: Lótus do Saber; 2009.

BABA, Sri Prem. *Plenitude.* São Paulo: Maquinaria Editorial; 2021.

BAKER, Mark W. *Jesus, o maior psicólogo que já existiu.* Rio de Janeiro: Sextante; 2002.

BÍBLIA SAGRADA.

CAPRA, Fritjof. *A teia da vida.* São Paulo: Cultrix; 2012.

CAPRA, Fritjof. *O ponto de mutação.* São Paulo: Cultrix; 2012.

CAPRA, Fritjof. *O Tao da física.* São Paulo: Cultrix; 2011.

CAPRA, Fritjof. *Sabedoria incomum.* São Paulo: Cultrix; 2010.

CARLSON, Richard. *Não faça tempestade em copo d'água.* Rio de Janeiro: Rocco; 2020.

CHOPRA, Deepak. *As sete leis espirituais do sucesso*. Rio de Janeiro: Best Seller; 2019.

CHOPRA, Deepak. *Como conhecer Deus*. Rio de Janeiro: Rocco; 2001.

CHOPRA, Deepak. *O caminho do mago*. Rio de Janeiro: Rocco; 1997.

CURY, Augusto. *12 semanas para mudar uma vida*. São Paulo: Academia de Inteligência; 2004.

CURY, Augusto. *Em busca do sentido da vida*. São Paulo: Planeta; 2021.

DALAI LAMA; CUTLER, Howard C. *A arte da felicidade*. São Paulo: Martins Fontes; 2000.

FRANKL, Viktor. *Em busca de sentido*. Petrópolis: Vozes; 2009.

GANDHI, Mohandas K. *Autobiografia*. São Paulo: Palas Athena; 2021.

GITA, Bhagavad. *A mensagem do mestre*. São Paulo: Pensamento; 2007.

GODDARD, Neville. *O sentimento é o segredo*. Universo Livros.

GOLDSMITH, Joel S. *A arte de curar pelo espírito*. São Paulo: Martin Claret; 2007.

GOLDSMITH, Joel S. *A arte de meditar*. São Paulo: Martin Claret; 2020.

GOLDSMITH, Joel S. *O caminho infinito*. São Paulo: Martin Claret; 2005.

GOLDSMITH, Joel S. *O trovejar do silêncio*. São Paulo: Martin Claret; 2023.

GOLDSMITH, Joel S. *Praticando a presença*. São Paulo: Martin Claret; 2013.

GORDON, Richard. *Toque quântico, o poder de curar*. São Paulo: Madras; 2019.

HANH, Thich N. *A essência dos ensinamentos de Buda*. Petrópolis: Vozes; 2019.

HAY, Louise. *O poder dentro de você*. Rio de Janeiro: Best Seller; 2015.

HUNTER, James C. *Como se tornar um líder servidor*. Rio de Janeiro: Sextante; 2011.

HUNTER, James C. *O monge e o executivo*. Rio de Janeiro: Sextante; 1989.

LAMA SURYA DAS. *O despertar para o sagrado*. Rio de Janeiro: Rocco; 2005.

LAO-TSÉ. *Tao Te Ching*. São Paulo: Martin Claret; 2011.

LUCADO, Max. *Faça a vida valer a pena*. Rio de Janeiro: Thomas Nelson Brasil; 2012.

LUCADO, Max. *Graça*. Rio de Janeiro: Thomas Nelson Brasil; 2012.

LUCADO, Max. *O melhor de Max Lucado*. Rio de Janeiro: Thomas Nelson Brasil; 2010.

MANNING, Brennan. *Convite à solitude*. São Paulo: Mundo Cristão; 2012.

ORTIZ, Airton. *Pelos caminhos do Tibete*. Rio de Janeiro: Record; 2001.

PECK, Morgan Scott. *A trilha menos percorrida*. Rio de Janeiro: Nova Era; 2002.

PLATÃO. *O banquete*. São Paulo: Edipro de Bolso; 2017.

ROHDEN, Huberto. *Assim dizia o mestre*. Alvorada; 1985.

ROHDEN, Huberto. *Metafísica do cristianismo*. São Paulo: Martin Claret; 2012.

ROHDEN, Huberto. *O caminho da felicidade*. São Paulo: Martin Claret.

ROHDEN, Huberto. *O Sermão da Montanha*. São Paulo: Martin Claret.

ROHDEN, Huberto. *Sabedoria das parábolas*. Fundação Alvorada; 1990.

SCAZZERO, Peter. *Espiritualidade emocionalmente saudável*. São Paulo: Hagnos; 2013.

SHAKAKIAN, Demos. *O povo mais feliz da Terra*. São Gonçalo: Adhonep; 2020.

TOLLE, Eckhart. *Praticando o poder do agora*. Rio de Janeiro: Sextante; 2016.

WILLIAMSON, Marianne. *A idade dos milagres*. Campinas: Prumo; 2008.

YOGANANDA, Paramahansa. *Autobiografia de um iogue*. Rio de Janeiro: Lótus do Saber; 2008.

YOGANANDA, Paramahansa. *Meditações metafísicas*. São Paulo: Edipro; 2018.

YOGANANDA, Paramahansa. *Paz interior*. Belo Horizonte: Self-Realization Fellowship; 2010.

YOUNG, William P. *A cabana*. Rio de Janeiro: Sextante; 2008.

YUKTESWAR, Swami Sri. *A ciência sagrada*. Belo Horizonte: Self-Realization Fellowship; 2011.

ZOHAR, Danah; MARSHALL, Ian. *Inteligência espiritual*. Rio de Janeiro: Viva Livros; 2012.

FONTE IvyJournal
PAPEL Polen Natural 80g/m²
IMPRESSÃO Paym